僕たちの仕事は地域に住む人の
話を聞き出すことからはじまる

モノを造るのをやめると、
人が見えてきた。

100万人の人が一度だけ訪れる島ではなく、
1万人の人が100回訪れたくなる島

旨い
煮タコあります。
NPO
shima

まちにとってなくてはならないデパート

maruya gardens
maruya garden
maruya garden

1人できること、
10人できること、
100人できること、
1000人できること

54 100人でできること

56 13 ちいさな農のある暮らし

58 14 炭焼きクラブ「鎮竹林」

60 15 ＡＭＡ情報局を開局しよう

62 16 欲しいものは島でつくる

64 17 支えあって暮らそう

66 18 地域に「ただいま」を言おう

68 19 里山と里海をつくろう

70 20 みんなで学ぶ島のエコ

72 コラム3

74 1000人でできること

76 21 地域が支える学校づくり

78 22 魅力ある島前高校をつくろう

80 23 海士大学に入学しよう

82 24 海士まちづくり基金

84 提案をかたちにするために

86 役場のリーダーと相談と支援の窓口

88 アイデアをかたちにする５つのステップ

90 海士町総合振興計画本編との対応表

92 この本ができるまで

96 海士町まちづくり提案書

もくじ

03 町長あいさつ
04 はじめに

08 海士町は素晴らしい！
10 海士町の自慢
12 今、海士町がかかえる問題
16 海士町の未来を描こう
18 まちづくりなんてできないと思っている人へ
20 この本の使い方

22 1人でできること
24 01 歩いて暮らそう
26 02 天職をみつけよう
28 03 海士の味をうけつごう
30 04 もっと水を大切に！
32 05 もったいない市場
34 06 エネルギーを見直そう
36 コラム1

38 10人でできること
40 07 海士人宿につどおう
42 08 ガキ大将を育てよう
44 09 あまさん倶楽部
46 10 海士ワーキングホリデー事業
48 11 ワゴンショップ海士号
50 12 おさそい屋さんになろう
52 コラム2

課題をみつけたらすぐに企画書を書くこと、
必要に応じて何度も何度も書き直すこと

デザインは社会の課題を解決するためのツールである

Nikon

状況はまだまだ好転させられる

コミュニティデザイン

人がつながるしくみをつくる

山崎亮

学芸出版社

はじめに

「コミュニティデザイン」とは聞き慣れない言葉かもしれない。新しい言葉を生み出したような響きがあるかもしれない。ところが、この言葉はすでに1960年ごろから使われていた。ただし、その意味は現在のものと少し違っていた。

50年前の日本で使われ始めた「コミュニティデザイン」は、主にニュータウン建設の過程でよく登場した。ニュータウンには、互いに結びつきのない人々が全国から集まってくる。こうした人たちが集まって暮らすなかで、良質なつながりを生み出すためにはどんな住宅の配置にすればいいのか、みんなで使う広場や集会所をどうつくればいいのか、ということを考えたのがかつてのコミュニティデザインである。このころ、コミュニティ広場やコミュニティセンターという言葉が盛んに使われた。みんなが共同して使う場所があれば、きっと自然に人々のつながりができるだろうという発想である。だから、当時のコミュニティデザインは住宅地を計画することを意味した。ある地区を設定して、その物理的な空間をデザインすることがコミュニティデザインだったのである。

一方、本書で取り扱うコミュニティデザインは住宅の配置計画ではない。50年の間に多くの住宅地がつくられた。計画的な住宅地もあるし、無計画な住宅地もある。一方では、昔ながらの中心市街地もあるし、中山間離島地域の集落もある。このいずれもが良質な人のつながりを失いつつある。100万人以上いるといわれる鬱病患者。年間3万人の自殺者。同じく3万人の孤独死者。地域活動への参加方法が分からない定年退職者の急増。自宅と職場、自宅と学校以外はネット上にしか知り合いがいない若者。その大半は一度も会ったことのない知り合いだ。この50年間にこの国の無縁社会化はどんどん進んでいる。これはもう、住宅の配置計画で解決できる課題ではない。住宅や公園の物理的なデザインを刷新すれば済むという類の問題ではなくなっている。僕の興味が建築やランドスケープのデザインからコミュニティ、つまり人のつながりのデザインへと移っていったのは、こんな問題意識があったからだ。

もちろん、ある日突然こうした問題意識に目覚めたわけではない。建築やランドスケープのデザインに携わりながら、「それだけでは解決できない何か」が少しずつ見えてきて、それが僕の中で無視できない大きさにまで膨らんできたのである。その結果、僕は設計事務所を辞めて独立した立場で仕事をするようになった。

だから僕はこの本を同じようなことを感じているデザイナーに読んでもらいたいと思っている。建築や公園を設計するだけでは解決できない課題（でも解決すべきだと感じる課題）を見つけてしまった人。「デザインにできることは売れる商品をつくること以外にもあるんじゃないか」という想いに蓋ができなくなっている人。デザイナーだけではない。行政や専門家だけが社会的な課題を解決しようとしても限界があることを実感している人。自分たちが生活するまちに貢献したいと思っているけど何から始めればいいのか分からない人。こういう人たちに本書を読んでいただき、人がつながるしくみをつくることの魅力を感じ取ってもらいたい。

都市計画やまちづくりの専門家の間では、コミュニティデザインという言葉が50年前の響きを持っているかもしれない。英語では、新しい意味でのコミュニティデザインのことを「コミュニティディベロップメント」あるいは「コミュニティエンパワーメント」と呼ぶらしい。確かに意味としては正しそうだが、いずれも日本語だと舌をかみそうな名称だ。「コミュニティデザイン」のほうがすっきりしているし、意味が通らぬわけでもない。重要なのは、かつてのコミュニティデザインが持つ印象を刷新するくらい実効性の高いプロジェクトをどんどん生み出し、コミュニティデザインという言葉の意味を自ら育てることだろう。

ランドスケープデザイン、コミュニティデザイン、ソーシャルデザイン。本書に登場するデザインはいずれもその守備範囲が広い。とてもひとりでデザインできる対象ではない。例えばランドスケープ、つまり風景は誰かひとりの手によってデザインされるものではない。コミュニティにしてもそうだ。いわんや社会をやである。

だからこそ、それらについて語ろうとする本書には、著者のほかにさまざまな人物が登場する。人名や注釈が多い点については、著者の作文能力不足が最大の理由だが、一方でそれがコミュニティデザインを語る上での特徴だとご理解いただければ幸いである。

前置きはこの辺にして、さっそく本文を読んでいただきたい。

Part 1
「つくらない」デザインとの出会い 27
1 公園を「つくらない」 28
有馬富士公園（兵庫 1999－2007）
2 ひとりでデザインしない 40
あそびの王国（兵庫 2001－2004）
3 つくるしくみをつくる 47
ユニセフパークプロジェクト（兵庫 2001－2007）

Part 2
つくるのをやめると、人が見えてきた 59
1 まちににじみ出る都市生活 60
堺市環濠地区でのフィールドワーク（大阪 2001－2004）
2 まちは使われている 73
ランドスケープエクスプローラー（大阪 2003－2006）

3 プログラムから風景をデザインする 千里リハビリテーション病院（大阪 2006－2007） 80

Part 3 コミュニティデザイン――人と人をつなげる仕事 89

1 ひとりから始まるまちづくり いえしまプロジェクト（兵庫 2002－） 90

2 1人でできること、10人でできること、100人でできること、1000人でできること 海士町総合振興計画（島根 2007－） 124

3 こどもが大人の本気を引き出す 笠岡諸島子ども総合振興計画（岡山 2009－） 143

Part 4

まだまだ状況は好転させられる

1 ダム建設とコミュニティデザイン 154
余野川ダムプロジェクト（大阪 2007－2009）

2 高層マンション建設とコミュニティデザイン 170
マンション建設プロジェクト（2010）

Part 5

モノやお金に価値を見出せない時代に何を求めるのか

1 使う人自身がつくる公園 178
泉佐野丘陵緑地（大阪 2007－）

2 まちにとってなくてはならないデパート 189
マルヤガーデンズ（鹿児島 2010－）

3 新しい祭 207
水都大阪２００９と土祭（大阪・栃木 ２００９）

Part
6
ソーシャルデザイン——コミュニティの力が課題を解決する

221

1 森林問題に取り組むデザイン 222
穂積製材所プロジェクト（三重 ２００７—）

2 社会の課題に取り組むデザイン 234
＋ｄｅｓｉｇｎプロジェクト（２００８—）

Project map

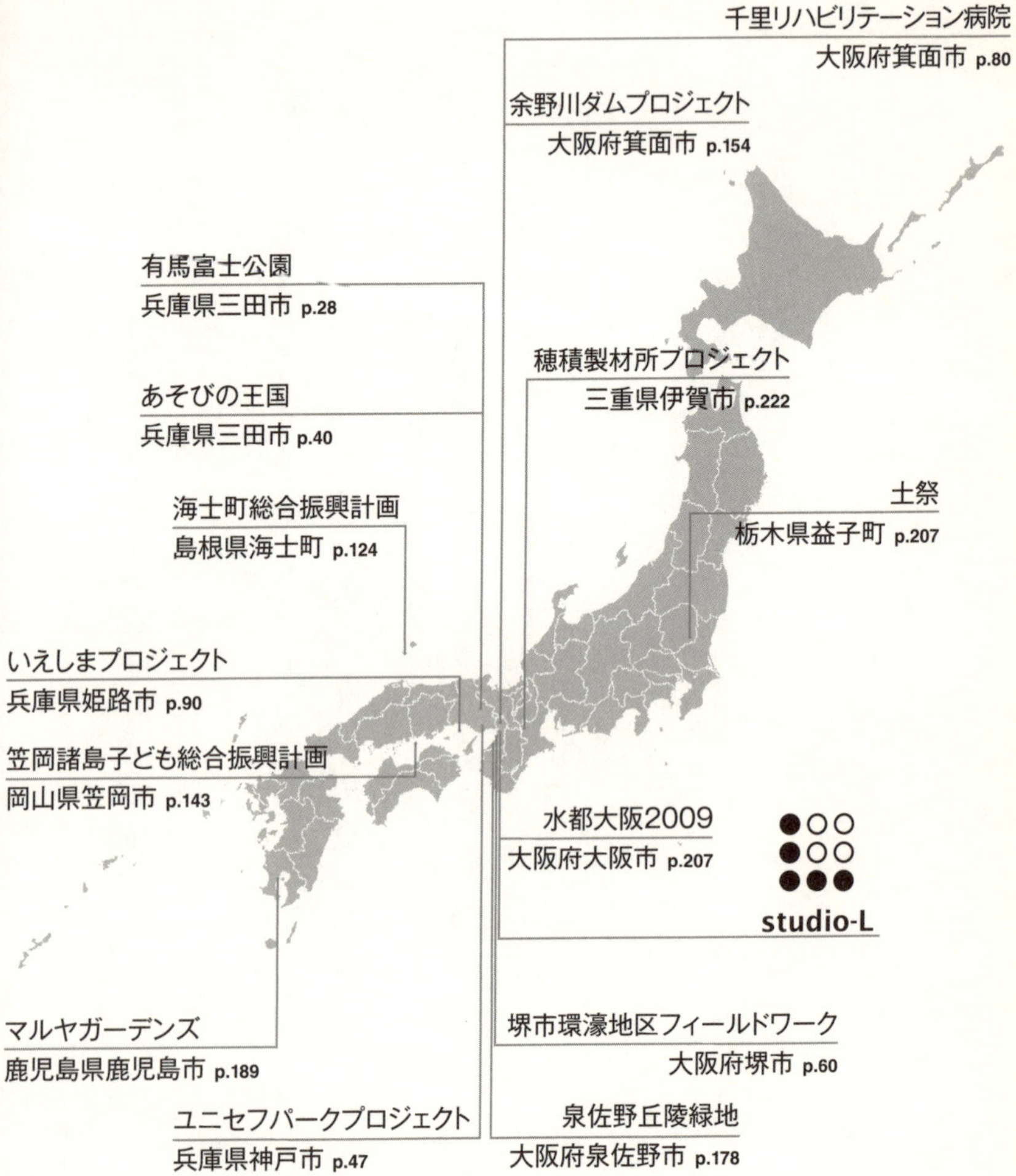

マンション建設プロジェクト p.170

+designプロジェクト p.234

Part 1

「つくらない」デザインとの出会い

1 公園を「つくらない」

有馬富士公園（兵庫 1999―2007）

楽しい公園って何だ？

大学ではランドスケープデザインを学んだ。風景をデザインするという、ある意味で大胆なデザイン領域を宣言したランドスケープデザインは、個人の庭から公園や広場、大学のキャンパスなどをデザインの対象とする。なかでも公園のデザインは日本におけるランドスケープデザインの主戦場だ。僕は大学でデザインを学ぶまで、公園が誰かにデザインされているなんて思ってもみなかった。実際には、楽しい公園をつくるためにデザイナーが長い時間と労力をかけて空間の細部まで検討している。公園を見る目が変わった。

変わった目で改めて公園を見るといろいろな発見がある。デザイナーがこだわった部分が見えてくるようになる。表現したかったことも分かるようになる。そこでもうひとつの疑問がわいてくる。そんなにこだわった公園のほとんどが、なぜ10年もしないうちにほとんど人がいない寂しい場所になってしまうのか、という疑問である。どれだけこだわってデザインしても、デザイナーが開園後の公園に関わることはほとんどない。しかし実際には開園後の公園がどうマネジメントされているかが重要で、その方法いかんによっては10年後に寂しい公園になったり楽しい公園になったりする。

そんなことを考えるようになったきっかけが、有馬富士公園のパークマネジメントに関する仕事である。有馬富士公園は兵庫県三田市《さんだし》の山側に位置する県立公園。最初に開園するエリアは約70 haの広さだった。園内にはパークセンターや自然学習センターのほか、自然観察のフィールドやこどもの遊び場などが計画されていた。最寄り駅から歩いて20分の山のなかにつくられる公園は、近隣にある兵庫県立人と自然の博物館のフィールドとしても位置づけられていた。兵庫県の担当者は、公園の整備方針を博物館の中瀬勲先生[*1]に相談していた。そのときに出てきたキーワードが「パークマネジメント」。アメリカの公園ではすでに実践されている手法で、単に来園者を待つだけでなく、積極的にプログラムをつくりだして来園者を誘う公園の運営手法だ。これを住民参加型で進めようという話になった。開園2年前のことである。

住民参加型のパークマネジメントを実施するにあたって、中瀬先生から「運営計画の策定を手伝ってほしい」という連絡があった。当時、設計事務所[*2]に勤めていた僕が、運営計画なるものに関わることになったきっかけだ。当然、マネジメントに関する勉強から始めなければならない。先生が紹介してくれた講師を迎えて、パークマネジメントに関する勉強会を8回開催した。[*3] この勉強会には、博物館の研究員や行政の担当者に加えて、地域のNPO、ボランティアチーム、大学生などが参加しており、有馬富士公園における運営の将来像を参加者全員で共有することができた。

ディズニーランドに学ぶ公園のもてなし

マネジメントの世界では常識だったのかもしれないが、僕はそのとき初めてディズニーランドのマネジメントについて勉強した。当時は、ディズニーランドのマネジメントがなぜ成功しているのかということが話題になり、ディズニーランド関連の本が一通り出版されて、それらを多くの人が読み、読み終わった本を古本屋に売ってしばらく経った頃だった。時代の波に乗り遅れていることを実感しながら、100円均一の棚でたくさんのディズニーランド関連本を買ったことを覚えている。

ディズニーランドのマネジメントにはいろんな仕掛けがあるものの、公園との比較で特筆すべきなのは「キャスト」の存在である。キャストとは、歌ったり踊ったりするミッキーマウスやドナルドダック、音楽を演奏する人たち、あるいは掃除をする人たちである。この人たちがゲストである来園者の僕たちを夢の世界へと連れて行ってくれる。管理者であるオリエンタルランドという会社の人たちとは会うことはないけれど、キャストの存在がディズニーランドを楽しいものにしているのである。余談だが、この計画づくりのために何度かディズニーランドへ視察に行った。遊びに行くわけではないので、すべての乗り物がフリーになる「パスポート」を購入せず、単に「入場券」だけ購入して園内に入ることが多かったのだが、一度だけ「トムソーヤ島」という島へ渡りたくなったことがある。パスポートを持っていない僕は、園内で乗り物券を買わなければならなかったのだが、ほとんどの人がパスポートを持っているためか「乗り物券売り場」が見つからなかった。どうしても見つからないので、掃除している人に「乗り物券はどこで買えばいいのでしょうか?」と尋ねてみると、その人は神妙な顔で「道順がややこしいのでしっかり覚えてくださいね」と言うと、僕の背後を指差して「目の前です」と笑った。振り返ると、木の茂みに隠れるようにして乗り物券売り場があった。掃除の人までもがキャストとしての役割を意識しており、道案内を通じてでも来園者を楽しませることに注力していることに感動したことを

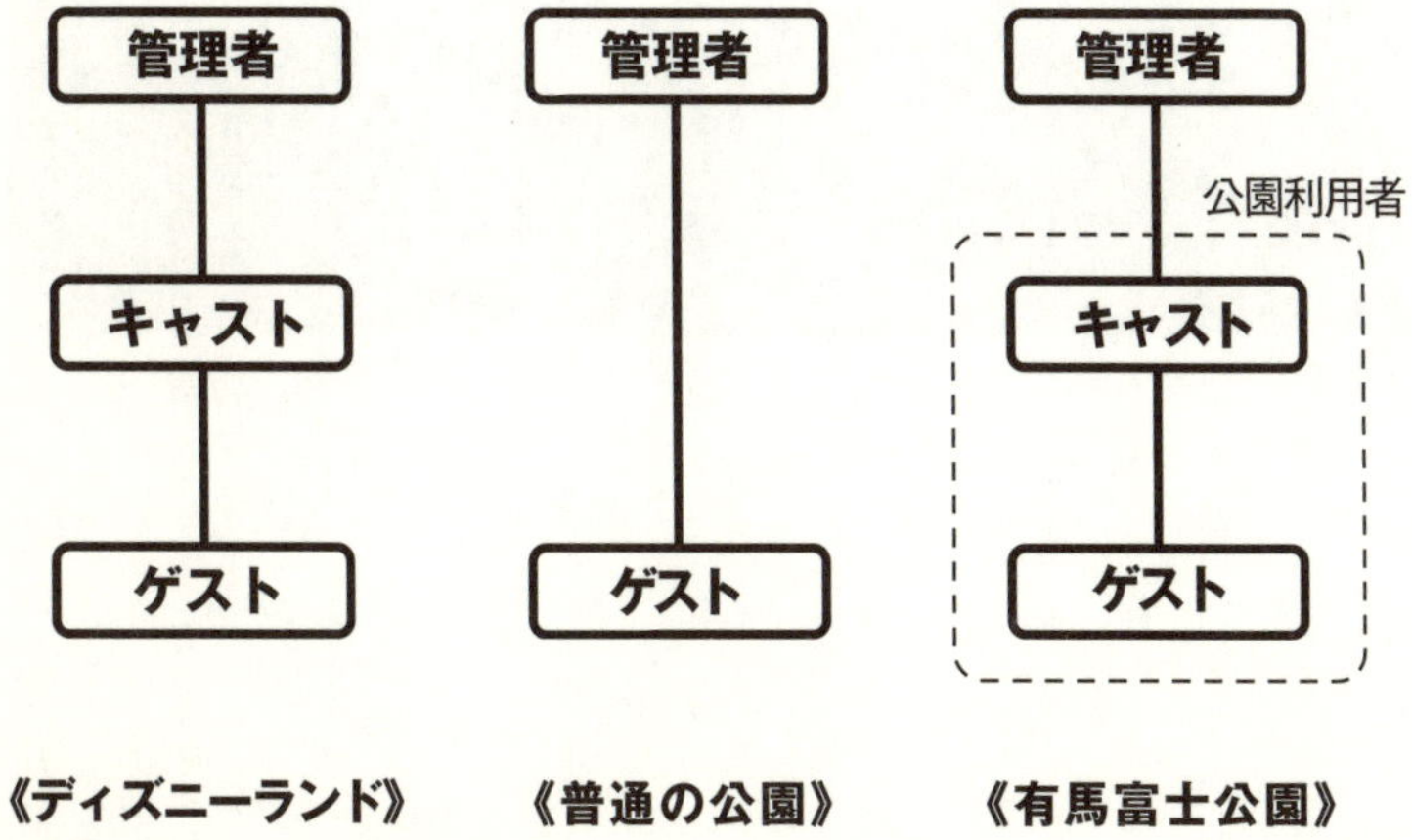

歌って踊れるキャストを公園にも。

自然観察プログラム。キャストとゲストが公園で出会う。

覚えている。

市民参加型のパークマネジメント

普通の公園にはキャストがいない。ゲストとして公園を訪れた人は、管理者と会うこともなく勝手に遊んで帰ることになる。管理者はゲストに迷惑がかからないように花を植えたり芝生を刈ったりしているだけだ。ならば、有馬富士公園にはキャストの存在が欠かせないのではないか。ディズニーランドのように、管理者とゲストの間に入って歌って踊るキャスト。ディズニーランドのキャストはお金をもらいながら歌って踊っている一方、有馬富士公園は県立公園なので入場料を取るわけにはいかない。となれば、キャストは無給であるにも関わらず歌って踊る人たちでなければならない。つまり、ゲストもキャストも公園利用者だと

日本キノコ協会　プレーパークプロジェクト　人と自然の会　三田里山どんぐりくらぶ　緑の環境クラブ　キッピー探検隊　フレッシュAIB　湊川女子高等学校茶道部　ベル・コンチェルト　星の会　サンダ・バード　社交ダンスガーネット　せさみキッズ　あみゅーず　水辺の生き物の会　森の案内人　サポートクラブ　蛍の会　Nots　FMさんだ設立準備委員会　SOW倶楽部　おはなし集団・だっこ座有馬富士植物研究会　三田煎茶道　ひょうご森のインストラクター　日本愛玩動物協会　さんだ天文クラブ　三田よさこいチーム笑希舞　ヒメカンアオイの会

70団体以上

いろいろな活動団体＝コミュニティがあった。

考えるしかないという結論に達した。プログラムを提供するキャストも、プログラムを享受するゲストも、ともに公園を利用して楽しんでいる人たちだと考えることにした。

有馬富士公園におけるキャストは、博物館を通じて関係団体に声をかけることによって公園に関わってもらうことになった。関わってもらうにあたって、まずはいくつかの団体にヒアリングを行った。活動の内容について語ってもらい、そのなかで困っていることを聞き出した。「会議室を借りる費用がかさむ」「チラシのコピー代がかかる」「活動のための道具を置いておく場所がない」「若い人が団体に入ってきてくれない」「発表の場が少ない」など、活動する上でネックになっていることが整理できた。こうした課題をパークマネジメントの中で解決できないか考え、行政の担当者や博物館の研究者と相談しながら運営計画を策定した。

初年度に関わってくれたのは22団体。博物館の研究員、特に藤本真里研究員を中心に活動団体の活動内容を調整し、園内でさまざまなプログラムが実施された。竹ひごと和紙で和凧をつくって凧揚げをするコミュニティ、園内のため池で水辺の生き物を観察するコミュニティ、園内の里山で遊ん

市民参加型のプログラムは「夢プログラム」と名づけられた。各コミュニティは企画書を提出して認定されたのち、園内で活動する。（撮影：有馬富士公園パークセンター）

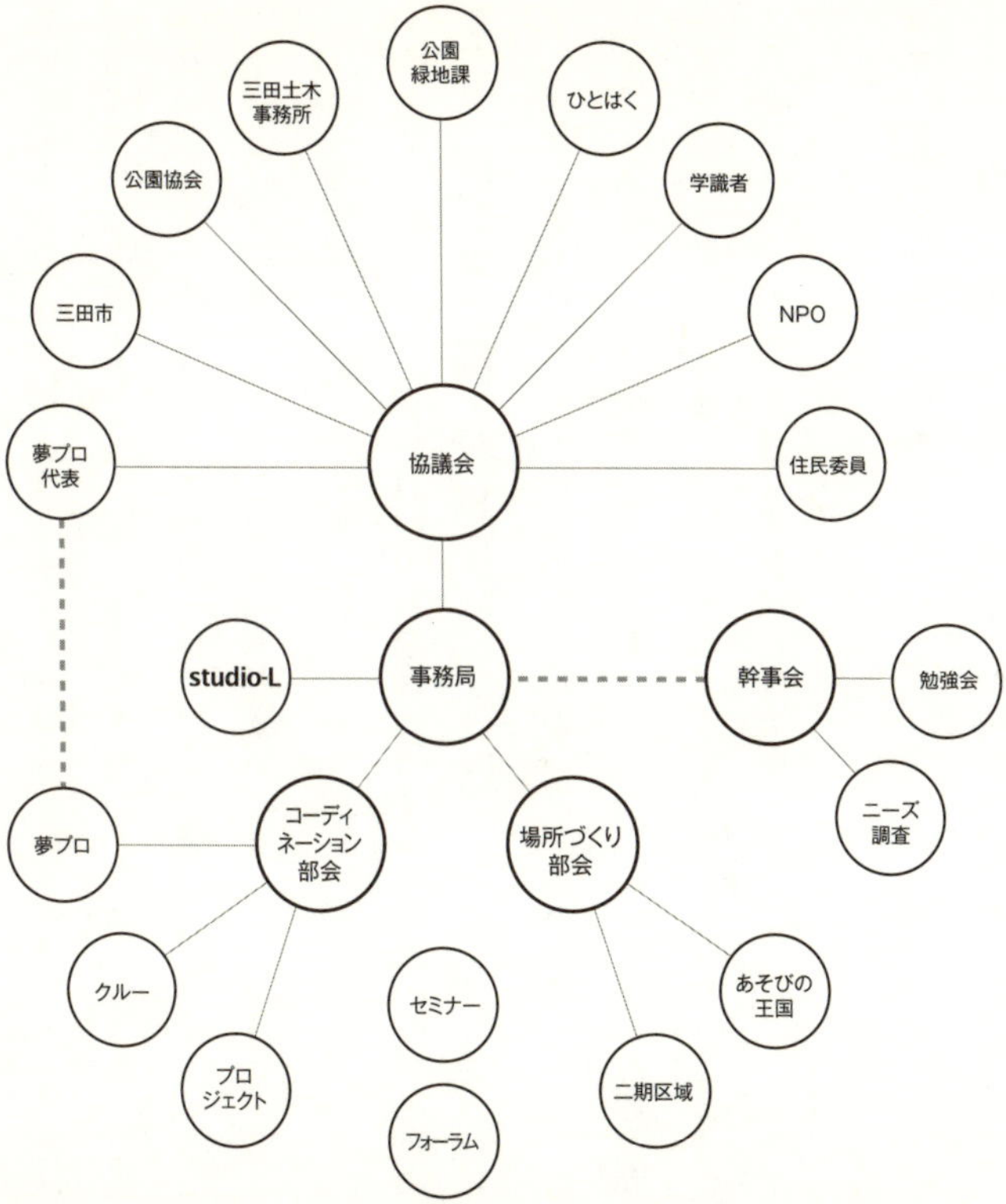

年間来園者数の変遷

	2001年	2003年	2005年	2007年	2009年	
計	412,140	538,980	695,540	677,300	731,050	（人）

夢プログラムの実績

	プログラム数（企画書数）	夢プログラム実施回数	夢プログラム参加者数	当日スタッフ数	夢プログラム参加グループ数
2001年	60	104	18,089	998	22
2003年	56	461	52,396	1,213	25
2005年	86	526	46,245	1,913	30
2007年	108	686	50,376	2,686	31
2009年	103	736	54,310	2,301	31

公園運営を支える人たちと公園運営の実績。協議会には学識者、博物館関係者、行政、公園管理者、夢プログラム代表者、地域住民が参加する。

だり自然観察を行ったりするコミュニティなど、園内各所でプログラムが実施された。また、パークセンターという建物があるおかげで、パソコン教室や演奏会など屋内で実施するプログラムを開催するコミュニティが関わることになり、これまで公園にあまり来なかったという人たちを公園へと誘い出してくれるようになった。いっけん公園とは関係なさそうなプログラムを公園で実施することの意義を実感した。

どのコミュニティも楽しそうに活動するものだ。週末に公園へ来て、自分たちが披露したかったプログラムを来園者とともに楽しむ。平日の夜に集まっては事前の打合せをしたり準備をしたりしている。僕がイメージする「ボランティア活動」とはまったく違う、楽しそうな姿を見るうちに、公園を持続的に楽しい場所とするためには、詳細にまでこだわる空間のデザインだけでなく、来園者を迎え入れて一緒に楽しむプログラムを提供するコミュニティの存在が重要だと感じるようになった。

マネジメントの重要性を実感する

こうした取り組みの結果、有馬富士公園の年間来園者数は開園時よりも

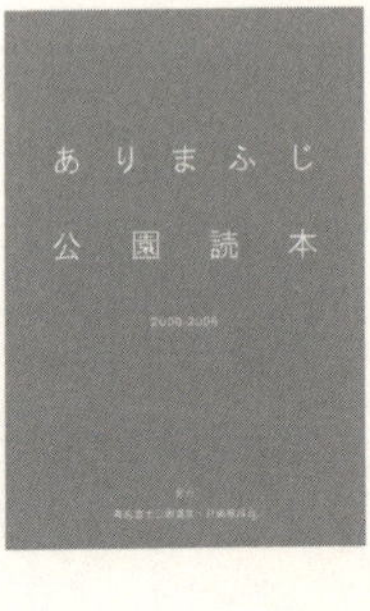

『ありまふじ公園読本』。公園のコミュニティやパークマネジメントの視察者、またコーディネーターが入れ替わる際の貴重な資料になっている。

増えている。２００１年に開園した当時は年間約40万人だった来園者数は、5年後には70万人を超えるようになった。マーケティングの常識では考えられない推移だという。ディズニーランドでも開園時の入場者数が最も多く、徐々に減って、アトラクションを新しくすると少し増えてまた減るという曲線を描く。ところが有馬富士公園の場合は徐々に増えている。その理由のひとつがコミュニティの活動にある。

各コミュニティによるプログラムの実施回数は、初年度は述べ約１００回だったが、8年後には７００回以上となった。ＮＰＯにしてもクラブ団体にしてもサークル団体にしても、コミュニティはそれぞれ自分たちの活動に興味を持ってくれている人のリストを持っていることが多い。少ない場合でも１００人くらい、多い場合は１０００人程度のリストを持っている。リストに載っている人たちは、いわばそのコミュニティのファンだといえよう。コミュニティがプログラムを実施する際には、メールなどで知らせを受けたファンのうちの何割かがプログラムに参加することになる。有馬富士公園で活動するコミュニティも、当初は慣れていないこともあって1ヶ月に1回程度のプログラム実施が精一杯だったが、人前で話をする

パークセンターには、若手のコーディネーターが２名雇われた。プログラムの調整や協議会の準備、園内の案内や独自プログラムの実施など、パークマネジメントに関わるさまざまなことを一手に引き受ける。（撮影：有馬富士公園パークセンター）

公園内に小道をつくるプログラム「みんなでつくろう！チップの小道」。

ことに慣れてきたり、いつも使う道具が公園に置いておけるようになると2週間に1回、1週間に1回と、実施頻度が上がる。そのたびにファンが公園を訪れることになる。有馬富士公園に関わるキャスト＝コミュニティの数が増えると、さらに来園者数が増えることになる。

有馬富士公園のマネジメントを通じていろいろなことを学ぶことができた。特に痛感したのはコミュニティが持つ力である。どのコミュニティも楽しそうに活動しているし、そのことが結果的に公園の公共サービスを担っている。そして、公園の来園者数を増やすことに寄与している。公園を物理的にデザインするだけでは、こうした関係性を生み出すことは難しかったはずだ。ハードをデザインするだけでなく、ソフトをマネジメントするという視点を組み合わせることによって、持続的に楽しめる公園を生み出すことが可能だということを学んだ。

有馬富士公園は今年で開園10周年。50以上のコミュニティが協力して公園を楽しい場所にしている。

＊1　中瀬先生とは有馬富士公園の仕事をご一緒させていただいた後、博物館自体の運営計画づくりに関わり（2000年と2005年）、複数の公園を同時にマネジメントするための研究会にも関わり（2001-2003年）、兵庫県の研究所にて中瀬先生の下で中山間離島地域の集落マネジメントや流域マネジメントに関する研究をさせてもらうことになる（2005-2010年）。僕が持つマネジメントに関する基本的な知見は、ほぼこれらの研究や実践から得たといえよう。

＊2　建築・ランドスケープ設計事務所であるエス・イー・エヌ環境計画室。

＊3　パークマネジメントの勉強会テーマと講師…第一回「公園の立地環境と運営プログラム」、第二回「公園を名所にするための仕掛けづくり（角野博幸教授）」、第三回「NPOの運営および育成手法（浅野房世氏）」、第四回「公園における関係性マーケティング（喜多野乃武次教授）」、第五回「新旧住民の交流手法（塔下真次前三田市長）」、第六回「NPOを支援するNPO法人の運営方法（中村順子氏）」、第七回「文化プログラムと公園の将来像（鳴海邦碩氏）」、第八回「昆虫採集から都市政策まで（高田公理教授）」。

2　ひとりでデザインしない

あそびの王国（兵庫　2001—2004）

こどもの発想を遊び場のデザインに反映する

有馬富士公園のパークマネジメントに関わっていた関係で、開園後しばらくして園内にこどもの遊び場を設計して欲しいと依頼された。当時勤めていた設計事務所が設計することになり、僕が担当者になった。当初開園していたエリアの隣に、公園をつくる際に出た土砂の余りを置いておく約6haの残土置き場があり、その場所にこどもの遊び場をつくることが決まっていた。すでに開園していた有馬富士公園は、自然観察や散策などに供する里山のような公園で、こどもたちが思い切り走り回って遊ぶような場所はなかった。そこで僕は、公園の周囲にある小学校や幼稚園、養護施設などのこどもたちがこの遊び場に来て、仲間をつくって思い切り遊び、最終的には自然に興味を持って、有馬富士公園の里山を探索してくれたら、と考えた。

設計の進め方については、「参加型のデザイン」なるものを試してみたいと考えていた。公園をつくる際に、将来その公園を使うはずの近隣住民に集まってもらい、どんな公園にしたいのかを話し合ってもらうという、ワークショップ方式の公園づくりというやつだ。ところが、今回の場合は対象がこどもの遊び場である。となると、将来の利用者は当然こどもだ。こどもとともに会話だけでワークショップをしても、出てくる単語に限りがあるため、正確に希望をまとめられないのではないか。

そこで、こどもたちと遊んでみたり、遊び場をつくってみたりすることにした。2回のワークショップに約200人の小学生が参加し、屋外空間で遊んでみたり、屋内空間に遊び場を作ってみたりした。こうしたワークショップの一部始終を、カメラやビデオで記録し、こどもたちが目を輝かせているのはどんな時間や空間なのか、仲間と一緒にどんな遊びを生み出すのか、どんな寸法の遊び場をつくりだすのか、などを読み取った。

もうひとつ僕が考えていたのは、遊び場がオープンした後のマネジメントのことである。有馬富士公園のほかの場所と同じく、今回の遊び場でもプログラムを実施してくれるコミュニティがあるといい。そのためには設計段階からそのコミュニティのメンバーを生み出し、現場が工事している間に彼らを育て、遊び場が開園する頃にはコミュニティも活動を開始するというスケジュールにすべきだろうと考えたのである。そこで、近隣の大学や短大の学生たちに呼びかけて、こどもたちと一緒に遊ぶ「プレイリーダー」を

大学生のプレイリーダーとこどもたち。

募集した。呼びかけに応じた大学生10人が、上記2回のワークショップのプレイリーダーとしてこどもたちと一緒に遊ぶことになった。

あそびのワークショップ

まちなかの公園で第1回目のワークショップを行った。こどもたちは、同じ遊具でもさまざまに使う。また、大学生のプレイリーダーと遊ぶことによって、初めて会ったこども同士もすぐに仲良くなる。一方、本格的な自然地に入り込むと、どのように遊べばいいのか分からず、プレイリーダーに遊び方を確認するこどもが多い。三田《さんだ》のニュータウンに住むこどもたちは、遊具のある街区公園での遊びには慣れているが、自然のなかでの遊び方はほとんど知らないようなのだ。

このことから、遊び場のデザインとして、まず入り口に遊具のあるエリアを設定しつつ、遊びながら移動すると徐々に自然が残ったエリアへと入り込んでいくようなストーリーを設定した。遊びに慣れてきたり、仲間がいたり、プレイリーダーが一緒であれば、自然地へ入っていってもこどもたちは新たな遊びを発明することができる。そうやって自然と触れ合ううちに、すでに開園している有馬富士公園のその他のエリアへの関心を深め、遊び場から巣立って有馬富士公園全体で遊ぶようになるのではないか。そんなことを考えた。

近隣の小学校の体育館で行った第2回目のワークショップでは、梱包材やダンボール、マット、ブルーシートなどを大量に持ち込み、こどもたちがプレイリーダーとともにどんな遊び場をつくって遊ぶのかを観察した。男の子たちは、よじ登ったり、飛び降りたり、滑ったりするような遊び場をつくることが多い。一方、女の子たちは小屋や家をつくって、そのなかにさまざまな模様や絵を描いたり、お店屋さんごっこで遊んだりすることが多い。その他、複数人で協力して巨大な迷路をつくったり、鬼ごっこをしたり、大きな音をたてて楽しんだりする。

観察の結果、遊び場に入るとすぐに音が出せる空間に入り、そこからさらに次の遊び場を見つけて遊びをつなげていけるような空間構成とした。音が出る場所、小屋や家や迷路がある場所、巨大なものばかりある場所、見晴らしの良い場所と4つの場所をつくり、それぞれは50m四方の大きさ

雷の子が登場する地元の民話をもとに、音の出る遊び場を雲の上、家や小屋や迷路がある場所を雷の子が落ちた村などになぞらえている。

に留め、それらをつなぎながら全体の遊び場を構成した。

それぞれの遊び場を50m四方の大きさに留めたのは、1人のプレイリーダーがこどもたちの行動を見守りやすい範囲がおおむねこれくらいだという意見を聞いたからである。遊び場がオープンした後は、特に週末にプレイリーダーグループが遊び場に常駐し、こどもたちの遊びを促進するとともに、初めて来園したこどもと常連のこどもをつなぐ役割を担うことを願っていた。

ハードとソフトを同時に計画する

こうして基本設計、実施設計を進める一方で、プレイリーダーの学生をさらに増やしてチームづくりを進めた。こどもの心理、遊びの特性、仲間づくり、ネイチャーゲームなど、こどもと遊ぶ際

プレイリーダーと一緒にあそぶこどもたち。

に知っておくと便利な知識や技術を習得する養成講座を、専門家に講師を依頼して実施し、ワークショップを手伝ってくれた大学生たちを中心に、新たな学生にも呼びかけてプレイリーダーチームを組織した。この養成講座は兵庫県立人と自然の博物館の嶽山洋志研究員が中心になって進め、大学生だけでなく卒業生や地域住民なども参加するチームが誕生した。

遊び場の工事が終わり、養成講座も終わり、開園式には多くのプレイリーダーたちが顔をそろえた。彼らが遊びに来たこどもたちに声をかけ、こどもたちはさまざまな遊びを展開する。

このプロジェクトを通じて、ハードをデザインする際に利用者の意向を反映すること、特にこどものように言葉で意見を表明しにくい相手の意向を反映させる方法を学んだ。また、ハードをデザインするとともにソフトをマネジメントし、開園時にハードとソフトが同時に準備できている状況をつくりだすことの意義を実感することができた。

開園から7年経った「あそびの王国」では、かつてプレイリーダーに遊んでもらっていた小学生たちが成長し、中学生や高校生のプレイリーダーとして活躍している。ちなみに、プレイリーダーコミュニティの活動もまた、有馬富士公園のプログラムとして位置づけられている。

3 つくるしくみをつくる

ユニセフパークプロジェクト（兵庫 2001―2007）

思い立ったらすぐに企画書を書く

「あそびの王国」で、ハードとソフトのバランスについて学んでいたころ、僕は常にこどもの遊び場についてあれこれ考えていた。特にその「つくり方」について考えた。確かにあそびの王国を設計する際は、こどもたちのあそびを観察し、そこから遊び場をデザインした。単にハードをデザインするだけでなく、プレイリーダーチームを組織して、ソフトの担い手も生み出した。しかし、やはり「つくり方」としては、大人が想定する「こどもが喜ぶであろう空間」をデザインしたに過ぎないのではないか。遊び場とは、そもそも大人がこどものためにデザインして「あげる」ものなのか。そんなことを考えていた。

そんな折に、事務所の上司である浅野房世[*1]さんから遊び場のデザインに関する企画書を書くよう言われた。浅野さんはデザイナーではないので、非営利組織のマネジメントやマーケティングに基づくデザインなど、従来のデザイン教育とはまったく違ったことを教えてくれた。そして、思いついたことをすぐに企画書としてまとめて提案することを叩き込んでくれた。

一般的に、デザイナーはあまり企画書を書かない。主な発案は仕事の依頼があってから設計のプロセスで何度も生じるものであり、仕事を依頼される前から思いついたアイデアを企画書にまとめて提案しに行くデザイナーは少ない。ところがこの上司は企画書こそが大切だという。この人の下で、僕は何枚もの企画書を書き、社会の課題を解決するための新たな仕事を生み出すプロセスを学んだ。

そのひとつが、今回のこどもの遊び場「ユニセフパークプロジェクト」の企画書である。

社会の課題に取り組むこと

このお題は、あそびの王国を設計していた当時の僕にとってタイムリーなものだった。大人がこどもに遊び場をつくってあげるのではなく、こどもたち自身が遊び場をつくることはできないだろうか、ということを考えていたからだ。つまり、「遊び場づくり」自体を遊びにしてしまうのである。こどもたちが遊び場をつくり、ほかのこどもがそれを増殖させ、ほかの遊び場へと変えてしまう。さらにそれを別のこどもたちが遊びながら変化させて新しい遊び場をつくりだす。こうしたプロセスこそが楽しいのであって、大人が完成させて固まってしまった遊び場には、こどもたちが手を加える余地がない。そこで企画の骨子を

「こどもたちがつくり続ける公園」とした。

これに対して上司は別の課題を上書きした。世界のこどもが直面している状況である。清潔な水が手に入らないことで死亡してしまうこども。まともな教育が受けられないこども。適切なビタミンが得られないことで失明してしまうこども。こうした現実があることや、それが数百円で解決できる課題であることなどを、日本の公園で遊んでいるこどもたちは理解しているのだろうか。それこそが、公園とこどもを巡るもうひとつの課題である、というのだ。もし100円で22人のあかちゃんを失明から守ることができると知っていて、日本のこどもたちが100円を無駄に使うのであれば、それは本人の意思なので文句を言う筋合いはない。ただし、100円がそれだけの価値を持っているということを知らずに過ごしているこどもが大半だとすれば、これは大きな問題である。公園はこどもたちが集まる場所である。学校の授業だけに任せるのではなく、公園でも世界におけるお金の価値や、世界的な課題に対して自分たちができることを考えるきっかけを与えられないだろうか。こういう視点を企画書に盛り込むように、という話になった。

自分にとっての当たり前が、他の国の友だちにはそうでないことがある。それを知ることは大切なことだ。

複数の目的を組み合わせてプロジェクトを編む

「世界のこどもと一緒に遊び場をつくり続けるプロジェクト」。遊び場をつくり続けるための資材はどこから集めてくるか。そう考えたとき、日本における里山や竹林などの二次的な自然の問題を思い出した。これまで人の手入れがあって良好な状態を保ってきた二次的な自然環境は、人々が山に入って木を切ったり下草を刈ったりしなくなってから一気に荒廃し始めた。その結果、生物の多様度が低下するなど、かつての里山が持っていた価値を減じている。良好な里山の環境を取り戻すためには、もういちど人の手を加えなければならない。里山ボランティアなどが樹木を択伐《たくばつ》したり、落ち葉かきをしたりしているが、この種のボランティア活動だけでは限界がある。例えば、里山のなかに遊び場を設定し、遊び場づくりのための資材を里山から取り出したら、林床《りんしょう》に光を入れることができ、良好な二次自然環境を取り戻すことができるのではないか。コナラやクヌギを使って小屋を作ったり、モウソウチクを使って滑り台を作ったり、ネザサを刈り取って乾燥させてベイルを作ったりする。里山から採れる材料をつかって遊び場をつくり続けることで、持続的に良好な里山環境を担保することができないか。そう考えて、企画書に「里山保全」というキーワードを加えた。

「世界のこどもと一緒に里山で遊び場をつくり続けるプロジェクト」。世界各国のこどもが日本の里山に集まり、日本の二次自然環境について学び、樹木を伐採したり落ち葉を集めたりしながら遊び場をつくり続ける。そのプロセスで、世界のこどもが置かれている状況を相互に理解し合うことができれば、公園がこどもたちに提供できる価値がひとつ増えることになる。そんな企画書を書き上げた。このプロジェクトを動かす際に重要なのは、世界のこどもたちとともに遊び場づくりを楽しむ大人たちだ。あそびの王国でプレイリーダーチームを組織化したように、今回もまたチームを育成することにした。今回は、ただ遊びのリーダーになるだけでなく、世界の文化や習慣、里山の自然環境などについてもこどもたちと一緒に考える機会をつくりたかったので、大人たちの役割をファシリテーターと呼ぶことにした。ファシリテーターとは、さまざまな知識や技術を使って相手の興味や行動や考えを引き出す人のことを指している。

ユニセフパークプロジェクトの始動

上司と相談して、この企画書を最初に持って行ったのは日本ユニセフ協会だった。世界のこどもたちを集めるプロジェクトということで、まず思いついたのがこの組織だったからだ。企画書を一通り説明すると、話を聞いてくれた担当者が「ユニセフは独自にプロジェクトを実施する予算を持ち合わせていない」と言った。ユニセフが行っているプロジェクトは、企業や行政とタイアップして進めているものばかりであり、ユニセフが独自に行うものはほとんど無いという。もしこの企画を実施したいのであれば、まずは実施主体を探さなければならない、というのが担当者の返答だった。

こどもとともに公園をつくるというプロジェクトの実施主体として思いついたのは国土交通省だった。日本の公園づくりを長い間担ってきた省庁だ。すぐに霞ヶ関へ行って公園緑地課の担当者に話をした。しかしこのあと、話が課長に届くまでに1年以上の時間がかかり、その間は品川のユニセフ協会と霞ヶ関の国土交通省を行ったり来たりする毎日が続く。結局、ユニセフは国土交通省がやるなら協力するといい、国土交通省はユニセフがやるならお金を出そうということになり、企画の内容は「ユニセフパークプロジェクト」という名称で進められることになった。

世界のこどもたちが遊び場をつくるワークキャンプ

公園づくりのフィールドとなったのは、神戸にある国営公園の予定地。公園整備前の予定地は、昔から市民が手入れしてきた里山だった。予定地として用地が買収されてからは人の手が入らず、山は荒れる一方だった。全国の里山と同じ状況だ。この山に2002年から世界のこどもが集まり始めた。初年度は、国内のアメリカンスクールに通うこどもたちと、神戸市内の公立小中学校に通うこどもたちが2泊3日で現地に泊まりこみ、里山から取り出した材料を使って遊び場をつくった。その後、遊び場づくりの日数を長くしたり、年に数回実施したりして、プロジェクトの進め方をいろいろ実験した。

2005年は阪神・淡路大震災の10周年であり、神戸で国際会議が行われる関係で地震を経験した国々から人が集まることになっていた。そこで、集まってきた家族のこどもをユニセフパークプロジェクトで預かって、10日間に渡るワークキャンプを実施した。

昼間のこどもたちはとても仲良しで、協力して遊具をつくっていたかと思えば、完成した遊具で自分が

ロシア、アメリカ、トルコ、台湾、フィリピン、モロッコ、南アフリカなど、世界 10 ヶ国のこどもと神戸のこども 100 人が里山に集まり、ファシリテーター 100 人がプロジェクトをサポートした。

一番に遊ぼうと競い合う。このことは、日本のこどもも、ロシアのこどもも、タイのこどもも同じ。しかし、夜になると状況が少し変わる。お互いの違う部分を実感することになるのだ。日本のこどもが夕食を残しているのを見て、マレーシアのこどもがそれを注意する。夏休みが終わったら学校へ行くのがいやだという日本のこどもに対して、フィリピンのこどもが学校へ行きたいのに仕事をしなければならないと話す。昼間、自分たちと一緒だと感じた世界のこどもたちが、まったく違った価値観や生活文化を持っていることに気づくのである。

ワークキャンプの中盤に、ユニセフ本部からシニアディレクターのケン・マスカル氏が視察に来た。彼はスマトラ島で起きた大津波の現場から神戸へ移動してきたばかりだった。だからだろうか、ひどく不機嫌だった。「スマトラ島でのユニセフは多くのこどもの命を救う希望だった。それに比べてこのプロジェクトは何だ。山の中で世界のこどもたちが遊ぶことなんてユニセフがやるべき仕事ではない。世界にはまだ救わなければならない命がたくさんあるんだ」と、突然叱られた。驚きながらも僕はこう言った。「先進国のユニセフができることは募金だけなのか。舗装されていな

ケン・マスカル氏。ユニセフ本部のシニアディレクター。ロバート・レッドフォードみたいな、でも厳つい顔つき。

い道路の真ん中に栄養失調でお腹が膨らんだ黒人のこどもが涙を流して立っているポスターを見れば見るほど、先進国に生きる僕たちはどこか遠くの国に恵まれないこどもがいるのでかわいそうだから募金しよう、という気持ちにさせられる。僕たちとは違う誰かのために募金しようという話になる。ユニセフパークプロジェクトでは、僕たちと何も変わらない世界のこどもたちが、まったく違う境遇にいるんだということを体感し合うプロジェクトだ。同じだという点を実感したうえで違いについて考えることが重要なのではないか」。

10日間の共同生活を終えたこどもたちは、関西国際空港からそれぞれの国に向けて飛行機で旅立つ。ワークキャンプを通じてひとつのコミュニティを作り上げたファシリテーターやこどもたちは、お互いに抱き合って涙している。ワークキャンプ中、ずっと歌い続けた歌。こどもたちは仲間が旅立つたびに歌って見送る。レンゾ・ピアノ氏が設計したクールな空港内に、ギターの音とこどもたちの歌声が響き渡る。恥ずかしいような、これでいいような、複雑な気持ちである。

ユニセフパークのコミュニティを育てる

普段のユニセフパークでは、ファシリテーターチームがネザサを刈り取ってベイルをつくったり、竹を伐採して遊び場づくりの材料を蓄積したりしている。また、近隣の小中学校へ行って、世界の水事情や教育事情、地雷の撤去作業などについてファシリテーターが出前授業を実施する。その一環としてユニセフパ

大学生ファシリテーターのひとりが描いた絵。戦争を停めたり、清潔な水を届けたり、教育を世界に広げたりする若者たちが描かれている。その若者たちの頭には、かつてユニセフパークで世界のこどもたちと遊び場づくりを楽しんだ記憶が思い浮かんでいる。ユニセフパークでの体験がきっかけとなって世界で活躍する人材に育つこどもがいるとしたら、コミュニティをデザインする者にとってこれほど嬉しいことはない。

ークの現場を使い、川から水を汲んで、重さ10kgの水を頭の上に載せて歩くことの大変さを体験したり、土の中に埋まった地雷を撤去することの難しさを経験したりしている。また、ワークキャンプで世界のこどもたちがつくった遊具を補修したり、増殖させたりして、遊び場をつくり続けている。

こうしてユニセフパークを使い続けているこどもたちの中から、高校生になってファシリテーターチームへ入ってくる人が誕生する。2001年に参加者だった神戸市の小学生が、2005年には高校生になってファシリテーターを務めるということもある。そうすることで、リーダーが入れ替わったり、新たなチームリーダーが誕生したりと、ファシリテーターの役割が少しずつ変わっていくことになる。組織に若いエネルギーが絶えず加わることによって、参加者が常に新鮮な役割を担うことができる。このことは、非営利コミュニティを持続的にマネジメントする際にとても大切な要素だ。

スペースのデザインとコミュニティのデザイン

このプロジェクトを通じて、解決すべき社会的な課題を見つけたらすぐ

ユニセフパークの入口に掲げられた看板。ファシリテーターとこどもたちが里山から持ってきた材料で作った。

に企画書を書くこと、それを必要に応じて何度も何度も書き直すことを学んだ。実際、このときはユニセフと国土交通省の考えをすり合わせるために50回以上企画書を書き直した。

また、こどもの遊び場を大人がデザインするのではなく、こども自身が遊び場をつくることによって相互に理解したり楽しんだりするための仕組みをどうデザインするのかが大切だということを実感した。そのためには、こどもの遊びを促進したり見守ったりするファシリテーターの役割が重要であり、ファシリテーターとこどもたち、そして近隣の小中学生たちがつくりだす新たなコミュニティをどのようにマネジメントするのかが大切だということに気づいた。

オープンスペースのデザインは、単に美しく樹木や花が植えられているだけでは十分とはいえない。その場所でどんな仲間とどんな体験ができるのかをデザインしなければならないのだ。

後日、視察に来たユニセフ本部のディレクターから報告書のコピーが送られてきた。そこにはこんな文章が書かれていた。「日本の神戸で行われているキャンププログラムは、先進国のユニセフが推進すべきモデル的なプロジェクトだ。ユニセフ本部はこれをサポートすべきである」。

いい人じゃないか。突然叱られたときは怖かったけど。

＊1　当時、浅野さんは、僕が所属していたエス・イー・エヌ環境計画室という設計事務所の関連会社、エス・イー・エヌコミュニケーション研究所の代表だった。現在は東京農業大学の教授。僕は浅野さんから、「取り組むべき課題を見つけたらすぐに企画書を書くこと」「それを仕事として成立させる方法」などを学んだ。

Part 2

つくるのをやめると、人が見えてきた

1　まちににじみ出る都市生活

堺市環濠地区でのフィールドワーク（大阪　２００１－２００４）

造園学会のワークショップ

就職2年目。仕事以外にも建築やランドスケープデザインに関わる活動に参加したいと思っていた時期に日本造園学会関西支部から「ＬＡ２０００」というワークショップの知らせが届いた。大学時代の恩師である大阪府立大学の増田昇教授が責任者となり、関西の若手ランドスケープデザイナーがチューターを務めるワークショップを開催するとのこと。さっそく応募した。

説明会の会場には50人ほどの参加者が集まっていた。フィールドは神戸市灘区の西郷酒蔵地区。グループのメンバーと現地を歩き、課題を発見し、地区の将来について考え、ランドスケープデザインに関する提案をまとめた。1年かけて活動した結果、メンバーとかなり親しくなるとともに、ワークショップ形式でプロジェクトを進めることの楽しさを知った。

翌年、２００1年からは2番目の活動が始まった（同じ日本造園学会関西支部主催の「ＬＡ２００１」）。チューターを入れ替えるとともに、新たな参加者を募って大阪府堺市の環濠地区をフィールドにワークショップを行うという。5つのチームをつくり、それぞれを「スタジオ」と呼ぶことになった。今回からチューターとして関わることになった僕は、自分が担当するスタジオのテーマを「生活」とした（一緒にスタジオのチューターを担ったのは空間創研の奥川良介氏）。当時、ランドスケープはまちに住む人々の人生や生活の積み重ねによって出来上がるものなので、風景をつくろうと思えば生活からアプローチしなければならない、と考えていたからだ。僕がチューターを担当する生活スタジオのほかに、生態スタジオ、時間スタジオ、風景スタジオ、地形スタジオが立ち上がり、参加者はそれぞれのスタジオメンバーとしてワークショップにのぞんだ。

チームの組織化

このとき僕にはひとつ試してみたいことがあった。すでに関わっていた有馬富士公園では、公園で活躍する各種コミュニティの力に圧倒された。公園が一気に楽しい場所になったし、何より活動している本人たちがとても楽しそうなのが印象的だった。続くあそびの王国やユニセフパークプロジェクトでは、遊びに関する新たなコミュニティを生み出すプロセスに加わった。アイスブレイク（初めて集まったメンバーの緊張関係を解きほぐすためのゲームなど）やチームビルディング（集まったメンバー相互の信頼関係を構築してチームの結束力を高めるためのゲームなど）の手法を使って、テーマ型のコミュニティを新たに生み出すことの面白さを実感し始めていたところだった。ボランティアとして生活スタジオのチューターを担当する際にも、同じように強固なチームをつくり、自主的に活動する独立したコミュニティを醸成してみたいと考えたのである。

そこで、生活スタジオに参加した15名とともに堺市の環濠地区を歩き回るとともに、お互いのことを深く知るためのゲームをいくつか実施し、役割分担を明確にすることによってチームを形成するよう試してみた。参加者に恵まれたこともあって、核になってチームをまとめてくれる人や、それをしっかりサポートしてくれる人などが現れ、楽しく作業を進めることができた。

生活スタジオでの活動

生活スタジオでの活動は大きく2種類に分かれる。ひとつは前半のリサーチであり、もうひとつは後半の提案である。リサーチは3種類行い、それぞれ「生活領域」「生活時間」「環濠動物園」と名づけた。

「生活領域」とは、環濠地区におけるかつての生活と現在の生活を領域的に比較してみるというものである。中世には自治都市として栄えた堺は、戦国武将でも馬から下りて刀を預けなければ中に入れないといわれるほど住民自治がしっかりした都市だったといわれている。そのころの地図を見ると、東西1㎞、南北3㎞の環濠都市内に、食料品店、日用品店、衣料品店、嗜好品店、娯楽施設などが点在していることがわかる。これらを結んでみると、かつての生活者は環濠地区の半分くらいの領域、つまり1・5㎞圏域を歩いて暮らしていたことがわかる。一方、現在の生活者はどれくらいの領域を歩いているのか。6人の生活者に協力してもらって地図上に示してもらった。その結果、想像以上に歩いていないことがわかった。領域があまりにも狭い。他人が歩く領域とほとんど重ならない。これでは環濠地区内を歩いて暮らしても誰かと出会う楽しさが見つからない。ひとりひとりが日常的に歩く領域を少しでも広げれば、誰かと出会って挨拶したり、立ち話したりする機会が増える。そんな機会が少しずつ増えれば、結果的に地域コミュニティが再生されることにつながるだろう。そうなって初めて、環濠地区に人々が使える屋外空間を提案する必要性が生じることになる。まちに人が歩いていないのに、僕たちがつくりたい屋外空間を勝手に提案しても、早晩利用されない空間になってしまう。

環濠地区の生活者たちは歩く時間がないのか。そこで「生活時間」について調査した。世代の違う4人の生活者に協力してもらい、1日の生活を写真で記録してもらった。その結果、自宅でテレビを見たり雑誌を読んだりしている時間が思いのほかたくさん発見できた。歩く時間はあるはずだ。歩くきっかけが無いだけなのだろう。

そう考えた僕たちは、環濠地区内の庭先に置かれた動物の置物に着目した。どの家も置物を道路に向けている。まちを歩く人たちからの視線を意識しているのだ。ところが実際にはそれほど多くの人が道路を歩いているわけではない。そこで、これらの動物をすべて写真撮影し、場所を明記したマップをつくって環濠地区内で配布してみようという話になった。生活スタジオのメンバー全員で手分けして地区内を歩き回ったところ、643体の動物の置物を発見した。これをマップに落とし込むと、「いつもの帰り道から少し外れて猿の置物を見てみようかな」と思えそうな地図ができた。この地図を「環濠動物園」と名づけ、環濠地区内に住む人たちに配布しようという話になった（ただし、2年後に同じ地区を再調査してみると、マンション開発などでたくさんの戸建て住宅が無くなり、その庭先にいた「動物」たちも消えていた。「生物多様度」の著しい低下である）。

以上のようなリサーチをまとめ、人々が環濠地区内を歩き回るようになったとしたら、どんな屋外空間が必要になるかということを検討し、地区内の14ヶ所を選んで必要となる空間を提案した。提案は図面やパース、模型やCGなどを使って表現し、学会発表用のパネルを作成した。

独自の活動へ

生活スタジオの提案は、ほかのスタジオのものとともに京都で開催された日本造園学会にて発表された。だが、僕たちはどうしても堺市の環濠地区内に住む人たちに向けて発表したかった。生活領域や生活時間の調査に協力してもらった人たちや、フィールドワークで出会った人たちに、僕たちがどんな結論を出したのかを報告しておかなければならないと思ったのだ。

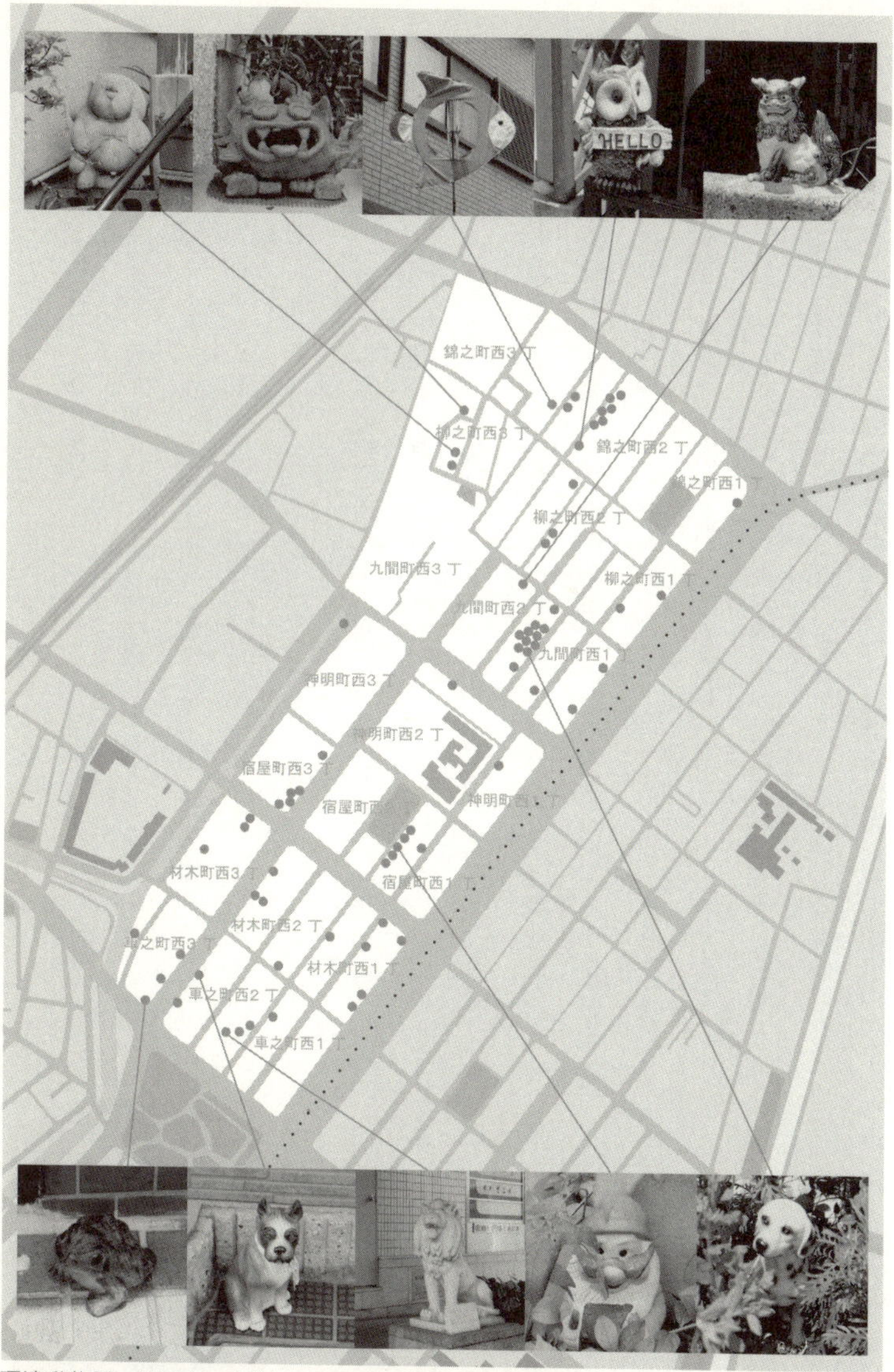

環濠動物園。地区内の庭先には643体の動物の置物が発見された。どれも道路に向けて置かれている。まちを歩く人たちからの視線を意識しているのだ。

そこで、学会発表が終わった後、生活スタジオのメンバーを集めて活動を継続する旨を伝えた。2003年のことである。当初の予定には無かった活動なので、希望者のみが集まって独自に活動しようという話になった。その結果、引き続きスタジオの活動に参加したいと表明したのは9人。さらに2人が新たに加わり、11人で提案の内容をブラッシュアップすることとなった。

ブラッシュアップの方向性は大きく2つ。ひとつはフォーラムやシンポジウムなどのイベントで発表できるようにプレゼンテーションデータとして提案内容をまとめること。もうひとつはカフェや美容室などゆっくりと過ごせる場所で閲覧してもらえるように、冊子として提案内容をまとめること。特に後者は冊子づくりにお金がかかることもあって、メンバーから活動費を徴収した。「スキーサークルもテニスサークルも、自分たちが楽しむためにお金を使うだろう。僕たちの活動も自分たちが楽しむためのものだから会費を払おう」というのがそのときの言い分だった。こうして集まったお金は、冊子を印刷製本するには足りなかったので、インクジェットプリンターとたくさんのはがき用紙を購入し、冊子のページを1枚ずつ

『環濠生活についての注解』（リサーチ編）と『環濠生活』（提案編）。ハガキを１枚ずつハガキホルダーに入れて100冊ずつつくった。

出力し、それをハガキホルダーに入れて冊子をつくることにした。
その結果、リサーチ編を60ページの冊子『環濠生活についての注解』にまとめ、提案編を180ページの冊子『環濠生活』にまとめることとなった。2万4000枚のハガキをプリンターで出力し、それらを1枚ずつハガキホルダーに入れて100冊ずつ冊子をつくった。この活動は造園学会からは独立しているため、生活スタジオという名称を使わずに「Studio:L」と名乗った。生活(Life)の頭文字を取ってスタジオ(Studio)の後ろに付けた思いつきの名称である。メンバーと作業しながら、「こんな仕事ばかりしている会社がつくれたらいいね」などと冗談を交わしていた。まさか自分が数年後に独立して、名称表記を少し変更した設計事務所を設立することになるとは夢にも思っていなかったときのことである。

商店街の人が声をかけてくれた

冊子をつくり、クラブイベントやブックイベントなどで発表し

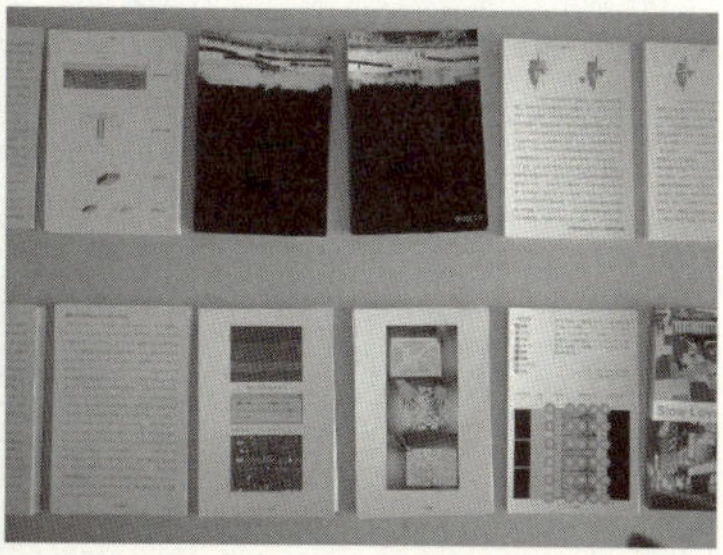

冊子の製本風景。インクジェットプリンターで出力したハガキを100枚ずつ積んで並べ(写真右)、スタジオメンバーが順番にそれをハガキホルダーに入れて歩く(写真左)。このとき購入したプリンターは2回壊れた。2万4000枚のハガキを1週間で出力するという行為は、プリンターメーカーとしても想定外だったのだろう。

ていると、たまたまそれを環濠地区の中心部に位置する山之口《やまのくち》商店街で働く人が見に来てくれた。それがきっかけとなり、この商店街の活性化計画を検討することになる。２００４年のことである。当時、まだ設計事務所に勤めていた僕は、平日の夜中や休みの日にStudio:L のメンバーと一緒に商店街の将来について話し合った。

まず手始めに、造園学会で使ったパネルを商店街組合の事務局に設置しようということになり、保管してあったパネルを商店街へ運んだ。また、手作りの2冊の冊子を商店街のお店に置かせてもらうことにして、提案の内容をより多くの人たちに知ってもらうこと

喫茶店や銀行や美容室など、さまざまなお店が設置に協力してくれた。

大阪市の梅田にあるクラブ「DAWN」にて開催された「FREE EXPO」。

大阪市北区にあるメビック扇町にて開催された「Book maker's delight」。

にした。さらに、商店街のホームページを作成することになり、オレンジ色のテーマカラーやページデザインなどを検討した。ホームページが完成するころ、そのことを示した商店街の看板が欲しいという話になり、ホームページのＵＲＬを掲載したサインボードをデザインした。自転車のまち堺の商店街として、気軽に自転車で買い物に来て欲しいという想いがあるとの話から、ペダルに付いているオレンジ色の反射板を貼り付けたサインボードとした。夜は車のヘッドライトの光を反射して自ら光る看板となった。

studio-L の設立

任意団体 Studio:L で2年ほど活動するうちに、本格的にコミュニティデザインに関わる仕事がしたいと思うようになった。当時はまだコミュニティデザインという言葉を意識してはいなかったが、パークマネジメ

山之口商店街の入口に設置したサインボード。

ントの仕事を通じてコミュニティが持つ力に可能性を感じ、生活スタジオやStudio:Lの活動を通じてチームを組織化することを覚え、さらに後述する兵庫の「いえしまプロジェクト」などが楽しくなってきていた時期でもあった。また、設計事務所でお世話になっていた浅野房世さんが東京の大学の教員になることが決まり、事務所内の組織を改変することになっていた。そこで、2005年に設計事務所を辞めて、独立した立場で仕事をすることにした。

自分の事務所を設立するにあたって、名称はほとんど考えなかった。これまで使ってきたStudio:Lは11人のメンバーで使ってきたものなので、少し改変して「studio-L」とすることで事務所名にすることをメンバーに諮った。

ランドスケープデザイン
- 千里リハビリテーション病院
- 東山台住宅外構設計
- 穂積製材所広場設計・監理
- 慶照保育園改修設計・監理
- 大阪市築港ランドスケープ計画
- 湘南港ランドスケープ設計
- 六甲アイランドW20街区造園計画
- 西能病院ランドスケープ設計　など

パークマネジメント
- 兵庫県立有馬富士公園
- 京都府立木津川右岸運動公園
- 大阪府営泉佐野丘陵緑地
- ユニセフパークプロジェクト
- 轟地区砂防ダム公園
- 積水ハウス開発提供公園
- OSOTO
- マルヤガーデンズ　など

まちづくり
- いえしまプロジェクト
- 穂積製材所プロジェクト
- 堺東駅前地区
- 大阪府みのお森町
- 土祭マネジメント
- 水都大阪2009
- 延岡駅周辺整備プロジェクト
- 五島列島半泊集落活性化　など

総合計画づくり
- 家島町総合計画
- 海士町総合計画
- 笠岡市離島振興計画

デザインの仕事とマネジメントの仕事、いずれもコミュニティをベースにして進めている。実際には今でも両方行っているが、コミュニティデザインのプロジェクトが少しずつ増えている。

すでに大学を卒業して働いていたメンバーばかりだったが、3人（醍醐孝典、神庭慎次、西上ありさ）から会社を辞めて新しく立ち上がるstudio-Lに合流したいという話があった。その3人と一緒に事務所となる場所を探し、当時教えに行っていた大学や専門学校の学生たちと一緒にインテリアを施工し、大阪の梅田に事務所を構えることができた。

非営利の活動を楽しむこと

生活スタジオ、Studio:L、studio-Lと活動が続く中で感じたことがある。僕たちが堺で行ってきたように、まちを少しでも楽しくするために活動するコミュニティを現地に生み出すことができれば、その人たちは自ら楽しみながら、そして信頼できる仲間をつくりながら、まちを少しずつ変えていってくれるだろう。僕たち自身がまちに入って主体的に活動するのも可能だが、よそ者である僕たちはいつかその場所からいなくなる身である。むしろそのまちに僕たちと同じような感覚を持った人たちを見つけ、その人

部屋を借りた当時は、文字通りミカン箱の上にノートパソコンを置いて事務所の内装を設計した（写真右）。自宅にあった多くの書籍を、エレベータの無い古いビルの4階まで運び込んだのは真夏。汗だくで手伝ってくれた学生たちに改めて礼を言いたい。

たちと活動の醍醐味を共有し、持続的に活動する主体を新たに形成することが大切である。その活動は、スキーやテニスを楽しむのと同じであり、「まちのために活動してあげている」のではなく「まちを使って楽しませてもらっている」と思えるようなものであるのが理想的だ。自分たちで少しずつお金を出し合ってでも楽しみたいと思えるような活動であり、結果的にまちの人たちから感謝されてさらに楽しくなるような活動。そんな活動を展開するコミュニティをどうすれば生み出すことができるのか。生活スタジオやStudio:Lで僕たちが実感してきたことをもとに、studio-Lではまちの担い手となるコミュニティをデザインするような仕事を展開していこうと決めた。そこには、自分自身が活動を楽しめたし、信頼できる仲間を得ることができたという実感があった。

2　まちは使われている

ランドスケープエクスプローラー（大阪　2003―2006）

屋外空間を使いこなす人を探すフィールドワーク

生活スタジオが終わって、Studio:L として独自の活動を展開しようとしていたころ、造園学会のワークショップは第3弾の企画が検討され始めていた。前回に引き続きチューターを務めることになった僕は、「公共空間をうまく使いこなしている人を探すフィールドワーク」という企画を提案した。結果的には、人だけでなくモノや空間も含めてフィールドワークで探し出そうということになり、125人の参加者がこれまでと同様5つのチームに分かれて活動することになった。風景を探検するという意味を込めて、5つのチームの総称を「ランドスケープエクスプローラー」とした。

フィールドワークして集めた写真の中には、かなり興味深いものがたくさん含まれていた。僕の興味は

銀行が閉まると店を広げヤクルトを売るおばちゃんと、おばちゃんと話をしに集まる地域のお年寄り。（撮影：奥川良介）

特に公共空間をうまく使いこなしている人である。例えば、午後3時に銀行が閉まった後、その前でヤクルトを売り始めるおばちゃん。木製の折りたたみ椅子の後脚を階段の段差に合わせてカットし、自分が座る場所をきっちりとつくっている。この人が空間をつくると、どこからともなく地域の高齢者が集まってくる。およそヤクルトは売れていないのだが、おばちゃんと「来店者」は楽しそうに話を続ける。このおばちゃんがいなければ家の外に出る理由が見つからないかもしれない高齢者の楽しそうな笑顔を見ているだけで、単に公共空間でヤクルトを売るという商行為を超えた福祉的な役割を感じた。また、このおばちゃんはヤクルト販売が終わると自分がいた場所の周囲を掃除してから帰る。おかげで銀行前はいつもきれいな状態が維持されている。こういうおばちゃんが他にもいて、通りの各所でこんな活動ができれば、福祉課や道路課の仕事は少し減らせるのではないか、と思えてくる。同様に、線路脇に庭をつくって沿線緑化を進めるおじさんや、道路植栽帯を勝手に管理しつつ、その隙間にシソやネギを植えるおばちゃんなど、公共空間を自分のもののように使いこなしつつ、周囲にプ

線路脇の緑化にはげむ人。（撮影：金田彩子）

ラスの影響を与えている人たちをたくさん発見した。

こうした人たちがまちに存在していることを前提にするのなら、公共空間のデザインも「いたれりつくせり」にするのではなく、生活者がどんどん関わることのできるような空間をデザインすべきではないか、ということを考え、使いこなす人のタイプとセットで公共空間のデザインを提案した（詳しくは、LANDSCAPE EXPLORER著『マゾヒスティック・ランドスケープ』学芸出版社、２００６）。

おそとを楽しむ人たちの雑誌『ＯＳＯＴＯ』

このフィールドワークがひと段落した２００５年、大阪府の公園を維持管理している財団法人大阪府公園協会からランドスケープエクスプローラーにひとつの相談が持ち込まれた。これまで公園協会が出してきた『現代の公園』という冊子を大幅にリニューアルして、書店で売れるような雑誌にしたいという。ついてはその企画と編集を僕たちに頼めないか、という依頼だった。ちょうど独立したばかりだった僕は、このプロジェクトに関わることにした。そのときイメージしていたのが、フィールドワークで見つけた「屋外空間を使いこなす人々」。面白い使いこなし方を紹介することで、読者の一部が屋外空間を使いこなすようになり、結果的に新しい風景が立ち現れるのではないか、と考えた。

そんな想いから、「今まで屋内でしてきたことを屋外へ持ち出すきっかけになるような記事を紹介する雑誌」というコンセプトを提案した。公園協会としても、公園へ来る人を増やすためにはまず屋外へと一歩踏み出す人を生み出さなければならないはずだ。つまり、公園自体をテーマにした雑誌でなく、屋外空間全般をテーマにした雑誌によって情報発信し、屋外をうまく使いこなす層を生み出す必要がある、という提案である。

雑誌のタイトルはランドスケープデザイン事務所、E-DESIGNの忽那裕樹《くつなひろき》氏[*1]の発案で『OSOTO』となった。おそとでいろんなことを楽しみましょう、という想いが込められている。おそとで食事したり、読書したり、演奏したりして楽しむ人たち。新しいスポーツを発明したり、食べられる雑草を集めて料理したりして楽しむ人たち。屋外空間を楽しむきっかけとなるような事例を探し、取材し、それを紹介する雑誌をつくった。

発行:(財)大阪府公園協会
コンセプト:"おそと"で過ごす
ライフスタイルペーパー

対象:一般読者および
行政公園緑地関係職員
サイズ:B5カラー48P/モノクロ16P
(全64P)
発行部数:約4.000部
発行回数:年2回(4月·10月)
価格:690円(税込)
販売エリア:全国の一般書店

「現代の公園」
((財)大阪府公園協会　旧機関誌)

『OSOTO』ランドスケープエクスプローラーのメンバーから情報を集めつつ、実際にはE-DESIGN、OPUS、studio-Lの3者が協働してつくる雑誌だった。それぞれ本業があることから、発刊は年2回が精一杯だった。2006年の春に準備号を発行し、年2回ずつ出して6号まで続け、2009年からは読者からの情報を提供してもらうべく、双方向のやりとりができるブログとウェブマガジン「www.osoto.jp」として展開している。

ソフトからのランドスケープデザイン

『OSOTO』の編集を通じて、世の中には屋外空間をうまく使いこなしている人がたくさんいることがわかった。また、ウェブ等の書き込みから、使いこなしたがっている人もたくさんいることがわかった。一人ではなかなか始めにくいことかもしれないが、何人かの人が集まって屋外で食事したり読書したりすると、それは単に屋外で活動しているという楽しみを超えて、集まった人たちが共有できる気持ちを生み出す。あるテーマに特化したコミュニティが生まれるのである。『OSOTO』の企画を通じて、実にさまざまなイベントを実施した。そのたびに、瞬間的なコミュニティが生まれ、今でもそれぞれは緩やかにつながっている（このときのつながりがきっかけとなってNPO法人「パブリックスタイル研究所」が設立され、屋外空間を使いこなすためのさまざまなプログラムを実践している）。

風景は、そこで生活する人たちの行為の積み重ねによってできあがる。木を植えたり水を流したり、物理的な空間を設計することによって風景をつくることはできるが、人の生活や行為を少し変化させることによって良好な風景をつくりだすこともできる。『OSOTO』での実験は、アクティビティやプログラムから生まれるランドスケープデザインの試みである。ハードをデザインするだけではなく、ソフトをマネジメントすることによって風景をデザインすること。この実験は、後日さらに具体的なプロジェクトとしてその成果が花開くことになる。

＊1　忽那さんは大学の先輩で、造園学会主催のフィールドワーク1年目からご一緒している。特に独立した当時は大変お世話になり、一時期は15のプロジェクトをご一緒していた。

おそとで音を楽しむ人たち

おそとで音を楽しむことを、生活の一部にしている人がいます。
どこで、何の音を、どんな思いで？
それぞれのスタイルについてお話をうかがってみると、
おそとと音の特別な関係性が、みえてきました。

#1 街×ちんどん×宣伝
ちんどん通信社さん

#2 草原×ウクレレ×教室
レーレー梅男さん

#3 森×小鳥の声×虜
久下直哉さん

#4 どこでも(?)×アコーディオン×ライブ
リュクサンブール公園さん

おそとで音を楽しむ人たち（『OSOTO』より）

3 プログラムから風景をデザインする

千里リハビリテーション病院（大阪 2006―2007）

アクティビティからデザインを考える

大阪の箕面市《みのおし》にある千里リハビリテーション病院は、脳卒中患者の回復期リハビリテーション病院である。この病院の庭をデザインすることになったのがE-DESIGNの忽那裕樹さん。造園学会の連続ワークショップや『OSOTO』の編集で協働してきたランドスケープデザイナーである。その忽那さんから「プログラムをデザインしないか」と誘われた。設計事務所に勤めていたとき、植物を育てることによってリハビリテーションを促進する園芸療法について学んだことがあったため、回復期の病院における庭をデザインするなら園芸療法のプログラムを軸にすべきだろうと提案した。単に鑑賞するだけの庭ではなく、リハビリテーションのプログラムを実施するための庭としてもデザインしておくほうがいい。しかし、あか

千里リハビリテーション病院の庭。園芸療法士によるプログラムが実施されている。（撮影：E-DESIGN）

らさまにリハビリ用だと分かるような空間にするのではなく、美しい風景をつくりあげつつ、実はその随所に園芸療法のプログラムが実施できるという空間が良さそうだ。

そのために、まずは種まきや水遣りなどのアクティビティを組み合わせた園芸療法のプログラムをデザインする。次に、散歩や読書など、園芸療法とは直接関係ない一般的なアクティビティを想定して場所ごとに整理する。この2つのアクティビティを満たす空間を探り、さらにその他の未知のアクティビティが生まれる可能性を残すために空間形態を少しだけ抽象化する。「こうも使えるし、ああも使える」という形態を探すわけだ。そして、最終的には眺めるだけでも美しいと思える風景として成立しているかどうかを確認する。こうした手順でデザインを進

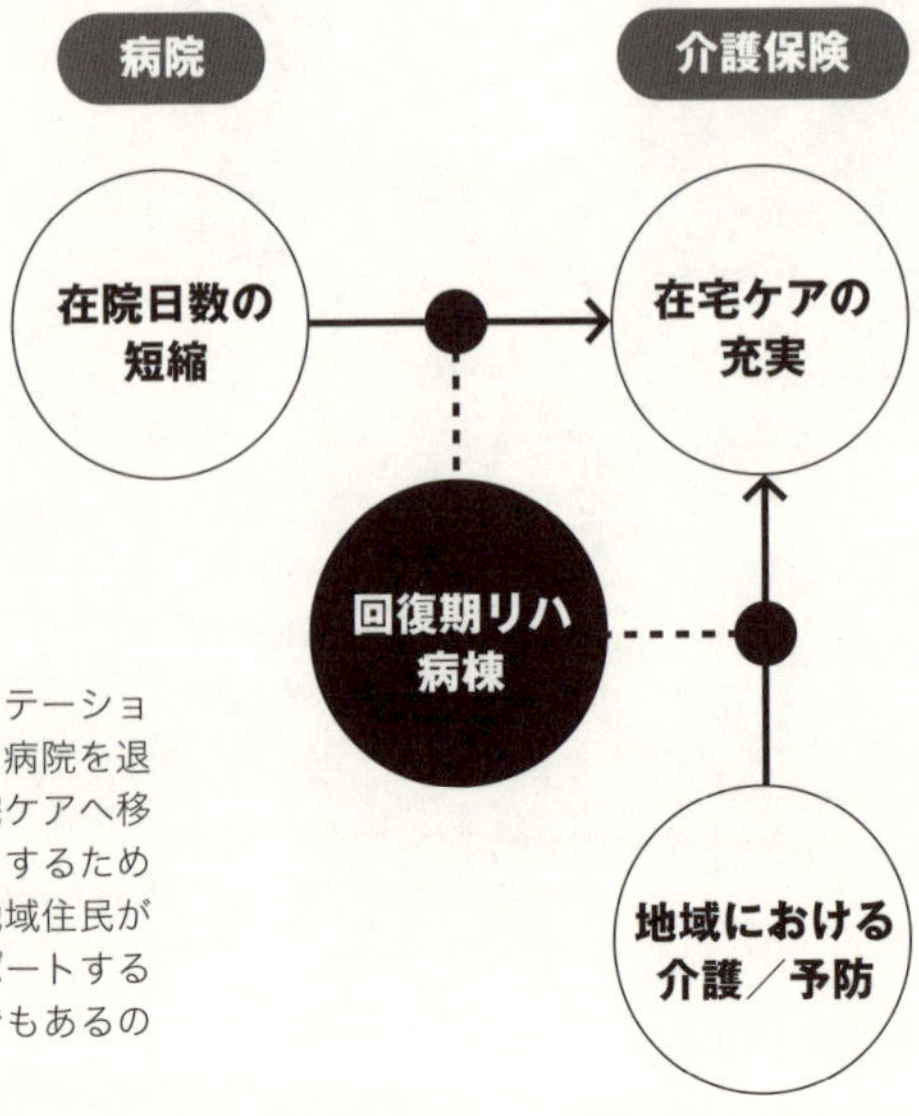

回復期リハビリテーション病院の役割。病院を退院した人が在宅ケアへ移る前にリハビリするための場であり、地域住民が在宅ケアをサポートする方法を学ぶ場でもあるのが理想的だ。

めようという話をした。

地域のためにリハビリテーション病院ができること

こうした手順のうち、前半でアクティビティを整理するのは主に僕の仕事である。が、忽那さんも一緒考える。後半は主に忽那さんの仕事だが、逆に僕もスケッチを描いたり平面図に加筆したりする。相互にやりとりしながら、最終的な空間形態と運営方針をつくりあげていく。

園芸療法のプログラムを考えるにあたっては、まずリハビリテーション病院の役割を明確にした。昨今、地域の介護ボランティアなどに取り組む人たちが増えているが、園芸療法の手法を学ぶ機会はほとんどない。屋内で行う作業療法であれば、公民館などでセミナーを受けることもできるものの、屋外空間、特に植物を介した療法行為である園芸療法を学ぶ機会はかなり少ない。したがって、回復期リハビリテーション病院は、まず第一義的には患者のリハビリテーションとして活用されるべきだが、もう一方では地域の介護ボランティアがそれをサポートしながら学ぶ場でもあると位置づけた。

そう考えると、患者だけが使う庭ではなく地域住民が入ってきて園芸療法を学ぶ庭としてのしつらえも必要になってくる。また、患者と地域住民が交流するためのスペースや園芸療法についての講義ができるスペースなどが求められる。さらに、園芸療法士のための場所は病院内ではなく、別棟で小屋をつくり、お茶が飲めたり本が読めたりゆっくり会話ができるようなやわらかい雰囲気の空間であることが望ましい。

園芸療法の効果

園芸療法は、植物を育てるためのアクティビティ（土を掘り起こす、均す、種を蒔く、苗を植える、水を撒く、草を取る、植物を鑑賞する、匂いを嗅ぐ、収穫して食べるなどの諸行為）をリハビリテーションのためのアクティビティ（指先を動かす、スコップを使う、ジョウロを持ち上げる、草を引き抜く、料理する、道具を準備したり片付けたりするなどの諸行為）として効果的に取り込む医療行為である。疾患の内容に応じてアクティビティを組み合わせ、患者ごとのプログラムを組み立てる必要がある。園芸療法士は、その知識と経験とマネジメント能力が求められる。一方、介護ボランティアは一般的に「園芸福祉」と呼ばれる活動に従事する。園芸療法プログラムをサポートすることもあるが、多くは患者とともに園芸を楽しむことによって患者自身の癒しとともに、ボランティア自身の癒しを創出する。

実はこのプログラム、植物そのものによる癒しは2割程度、ガーデニングの作業を通じた癒しは3割程度の効果を持っているのに比べて、他者とコミュニケーションすることによる癒しが5割を占めると言われている。単に植物があって、そこでひとり寂しく園芸をするのではなく、介護ボラ

おしゃべりは園芸療法のだいじな効用。

ンティアや園芸療法士と会話しながら園芸を楽しむことが重要なのである。つまりこれは、美しい植物を植えておけばいいという問題ではなく、どのように人とのつながりをつくりだすかという、コミュニティやそのマネジメントの問題なのである。

プログラムのデザインとカタチのデザインを重ね合わせる

以上のようなことを勘案しながら、入院患者、ボランティア、通院患者、入院経験者や視察者、地域住民の散策など、誰がどこまで入ってきて、どの庭を使うのかを空間的に整理した。さらにそれらを重ね合わせて、空間ごとにその場所を使う主体を想定しながら、発生しそうなアクティビティを複数挙げた。

こうしたアクティビティの整理をデザイナーに渡し、それぞれのアクティビティを満足するような空間形態を提示してもらう。提示されたアクティビティを僕とデザイナーとでも眺めながら、さらにほかのアクティビティが生まれないか何度もディスカッションした。アクティビティから空間形態が想起されることもあれば、空間形態から新たなアクティビティが想起されることもあった。

そして、模型やパースで確認した空間形態を、美しい風景として成立するようなデザインへと修正して、千里リハビリテーション病院の設計作業は終了した。一方、園芸療法プログラムを実施したり、地域ボランティアを集める役割を担うスタッフとして、知り合いを通じて実務経験を持つ園芸療法士を何名か集め、病院側に紹介した。現在はそのうちの1名が病院に採用され、できあがった庭で園芸療法プログラムを実施している。

ダイアグラム、相互理解、コラボレーション

こうしたやりとりを通じて気づいたことが3つある。ひとつは、ダイアグラムの大切さである。プログラムやアクティビティを詳細に検討し、それを満たすデザインを精査し、さらに全体を調整して美しい風景を生み出す。そのプロセスで、関係図やイメージ写真などのダイアグラムを用いて人々の行為や関係性を可視化し、それを空間的に配置することができれば、意図をデザイナーへ効果的に伝えることができる。逆に言えば、優れたダイアグラムをつくることができれば、デザインは方向性を決めやすくなる。

もうひとつは、空間の形を検討する人もプログラムについての理解が必要であり、プログラムを検討する人も空間のデザインを理解していなければいけないということである。今回の場合、僕がもともとランドスケープデザインに携わっていながらプログラムデザインを担当したこと、忽那さんがプログラムデザインについてかなり深く理解したうえでランドスケープデザインを担当したことが、相互のやりとりを円滑にした。実際、検討の途中では忽那さんがプログラムを提案し、僕が空間形態を提案したことが何度もあった。

そして、上記2つの気づきから得たもっとも大きな発見は、ソフトとハードをすべて一人の頭の中で考えてしまわなくても、信頼できるデザイナーと協働できるのであればハードのデザインを任せることが可

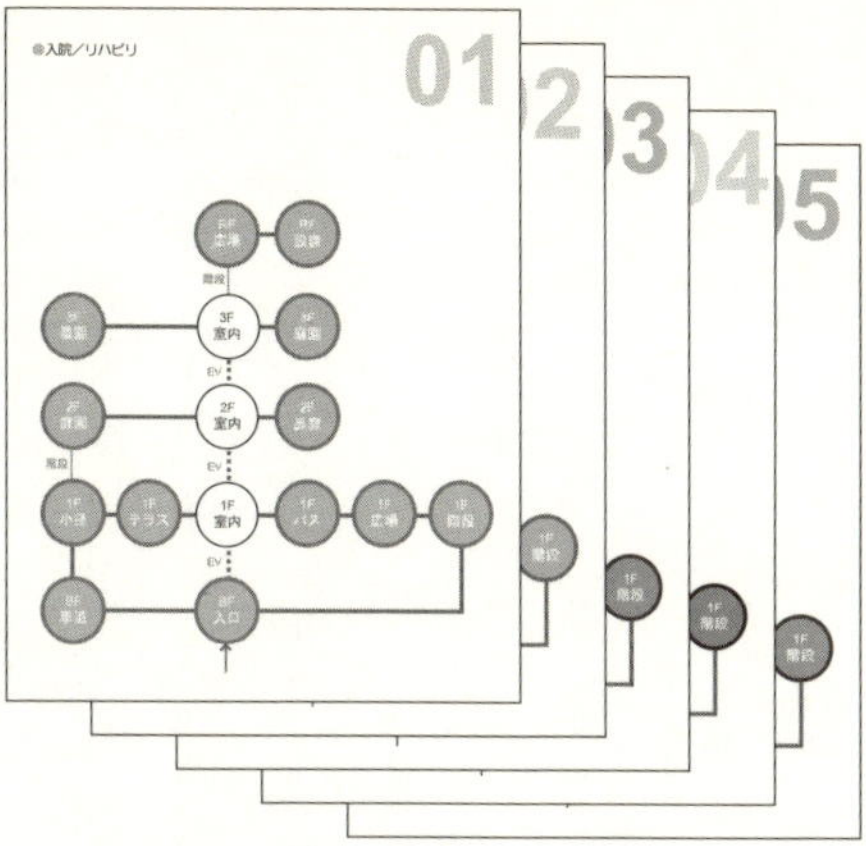

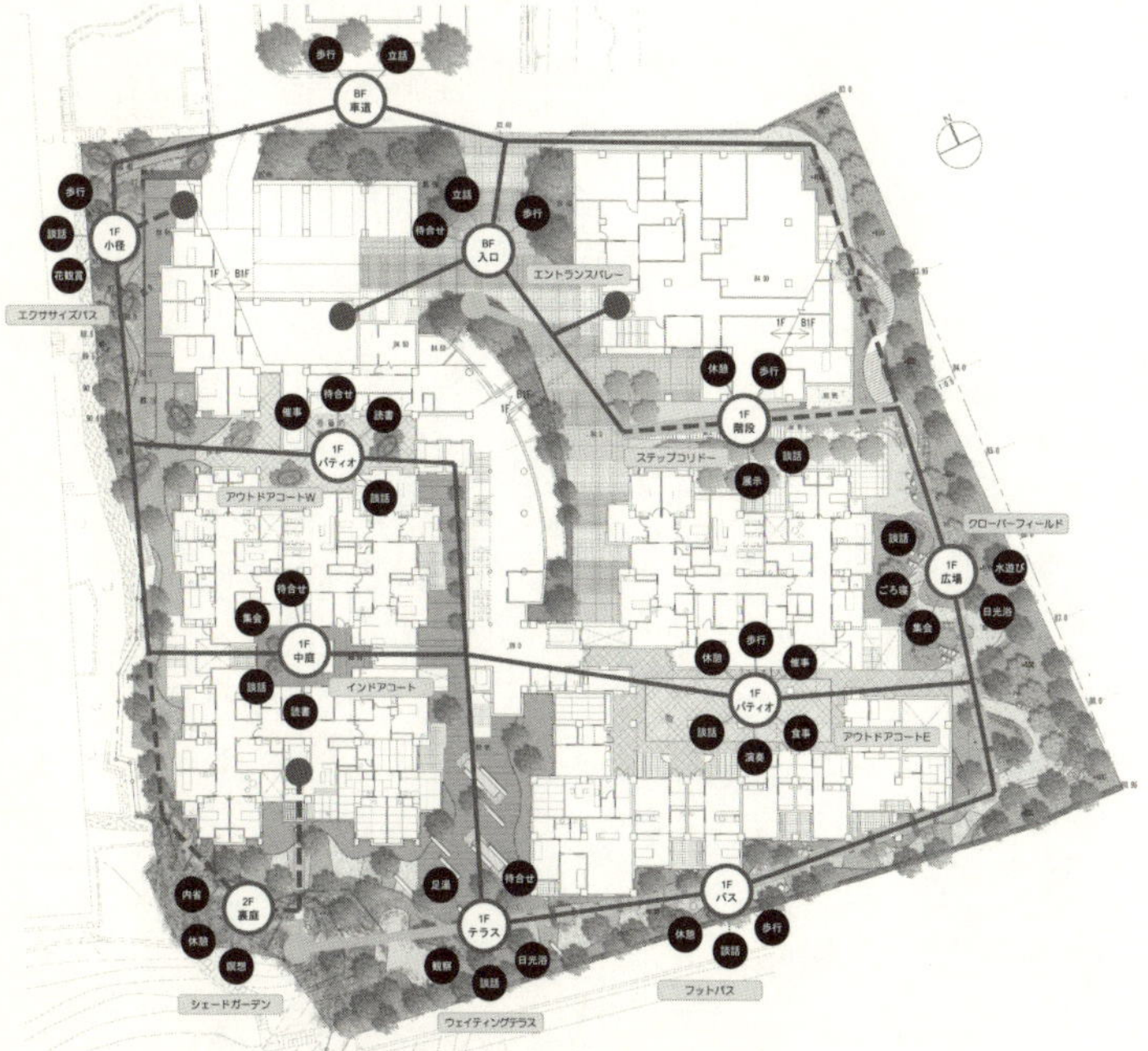

プログラムとデザインを重ね合わせる。

能だということである。一連の流れの中で、相互理解のあるデザイナーであればハードのデザインを任せることができるという手ごたえを得たことは大きな収穫だった。

もともとハードをデザインする仕事に従事していた人間として、僕はその部分をほかの人に任せるというのが本業を捨てるような感覚だった。が、このプロジェクトを契機にして、「ハードをデザインする人がこれほどたくさん世の中にいて、なかには信頼できるデザイナーが何人もいるんだから、僕はそれ以外に必要とされる仕事をすればいいのではないか」と思えるようになった。

モノをデザインしないデザイナーにも可能性があると感じ始めていた。

Part 3

コミュニティデザイン——人と人をつなげる仕事

1　ひとりから始まるまちづくり

いえしまプロジェクト（兵庫　２００２―）

ダーツから始まる

造園学会のフィールドワークとして「生活スタジオ」を運営していたとき、スタジオに参加する学生だった西上さん（現在はstudio-Lのスタッフ）が「まちづくり」をテーマに卒業研究に取り組みたいと言い出した。生活スタジオで堺市環濠地区の未来について考えるうちに、安易におしゃれな公園をデザインして「まちを活性化します」と提案するのが嫌になったという。正しい認識だ。ところが、大学には空間のつくりかたを教える先生しかいないので、環濠生活のようなプロジェクトの進め方を指導して欲しいと言うのである。指導教員にも許可を取ったという。すでに外堀は埋められていた。しかたがない。ちょうど生活スタジオの活動がひと段落した頃だったこともあって、西上さんの卒業研究の面倒をみることにした。

まだ設計事務所に勤めている頃のことだ。

最初に伝えたことは、まちづくりで最も重要なことはコミュニケーション能力である、ということ。卒業研究にあたって、どこか有名なまちづくりの事例を調べて、その特徴を整理し、同じような手法でまちづくりを提案するというのはコミュニティデザインの訓練にならない。見ず知らずの土地に突然入っていって、抜群の笑顔とコミュニケーション能力でまちの人たちと会話し、そのまちの課題を聞き出してくることが大切だ。それができれば卒業研究は半分完了したようなものであり、あとはその課題をまちの人たちと協働してどうやって解決すればいいのかを提案する。例えて言えば、研究室の壁に西日本の地図を貼って、大阪目掛けてダーツを投げる。たまたまあたった場所へ行って歩き回り、そこに住む人たちとの会話からその土地の課題を見つけ出してくる。そんな方法でまちづくりに関わるのが理想的なのだ、などという勝手な話をした。

例え話だったにも拘わらず、彼女は本当にダーツを投げた。大阪を狙って投げたらしいが、慣れないダーツは大阪のはるか西、兵庫県姫路沖の家島諸島という離島に刺さった。その日から、西上さんは電車とバスと船を

家島諸島は、姫路港から船で30分ほど沖合いに出た場所にある群島。採石業がさかんだった。

乗り継いで、家島へ通うことになる。

家島諸島は姫路港から船で30分ほど沖へ出た場所にある群島である。40以上の島からなる家島諸島には4つの有人島がある。なかでも家島と坊勢島《ぼうぜじま》に人口が集中しており、家島町の役場（現在は姫路市と合併したため、役場は家島支所となっている）は家島に存在する。隣の男鹿島《たんがじま》は採石業によって山が切り取られ、大量の岩が運び出されている。家島町の人口は８０００人弱で、急速に減少していた。理由は産業の衰退。主幹産業だった採石業が公共工事の減少によって低迷し、次々と廃業していたのである。

そんな島に一人で乗り込んだ西上さんは、通りがかった人に笑顔で話しかけながら地域の課題を探る。当然、怪しまれる。あいつは何をしに来たんだ、という話になる。役場へ行って資料や情報をもらおうとするが、資料を何に使うのかしつこく確認される。そこで、卒業研究で家島町をフィールドとしたいということ、まちづくりについて提案したいので住民の方々が感じていることを聞かせて欲しいことなどを伝えた。２００2年のことだ。

まちづくり研修会

卒業研究のフィールドとして家島町に通い始めた西上さんは、役場が設置した「家島再生プラン策定委員会」なるものに委員として参加することになった。島外の大学生の意見が聴きたいという座長の希望だった。座長は一橋大学の関満博先生（のちにこの人が僕たちを島根の海士町《あまちょう》の町長に紹介してくれることになる）。大

人口 8000 人の家島町。

阪の大学生が島内をうろうろしているという噂を聞きつけて、委員会に参加させようと提案したのである。

家島再生プラン策定委員会は、家島再生を謳っているものの、中身はほとんどが経済再生の話だった。特に低迷する採石業をどうするのかに関する議論ばかり。卒業研究の打合せと同時に、この会議のあり方についても西上さんから相談されていた僕は、単に採石業だけでなく島の生活全般を見直す必要があること、そのきっかけとしてまちづくりの勉強会をすることなどを提案するよう西上さんに促した。西上さんは学生らしく素直にそれを委員会に提案し、座長の関先生はこれを面白がり、事務局の家島町企画財政課もまたこれを素直に受け止めた。まちづくりにおいて素直なことは大変重要である。

かくして、家島町で初めてとなるまちづくり関連事業が行われることになる。その名も「まちづくり研修会」。直球である。ちょうど生活スタジオがひと段落し、新たにStudio:Lとして堺で活動し始めようとしていた頃のことだった。家島町から研修会の運営を依頼されたので、Studio:Lの学生メンバーにまちづくりや対話の技術を教え、研修会のファシリテーターを任せた。西上さんを中心とした7人の学生メンバーがまちづくりについて勉強し、見よう見まねで研修会の運営に携わった。学生たちは、研修会の進め方に悩むとStudio:Lの会議へと相談を持ち込み、なんとか家島町のまちづくりを進めた。2002年度はまちづくりの事例やNPO法人について学び、島内のフィールドワークを実施した。2003年度はフォーラムを開催し、他地域でまちづくり活動に取り組む人たちと家島町民との交流を図った。2004年度は家島町のガイドブックをつくるために、フィールドワークを行ったり歴史や文化に詳しい人の話を聞いたりした。その結果、自治会単位の詳しい情報を掲載したガイドブックが誕生した。

探られる島（5ヶ年計画）

ガイドブックをつくる過程で、参加者が家島町のことをより深く知り、地元への愛着を深めたことは大きな成果だった。ただし、アウトプットとしてつくった自治会ごとのガイドブックは、それを見た都市部の人が「家島へ行きたい！」と思えるような内容ではなかった。桜の名所、見晴らしのいい山頂の広場、由緒正しき地元の神社など、家島町に住む人が来訪者に紹介したいと思う場所は、どこかで聞いたことのあるような名所ばかりだったのである。その情報を知ってわざわざ家島まで来る人がいるだろうかと考えたとき、島外

まちづくり研修会の成果、自治会単位でつくったガイドブック。でも都市部からやってきた人がそれを見ても、あまりピンとこなかった。

から来た僕たち自身が感じている家島の魅力を素直にまとめたガイドブックをつくってみる必要があると思えた。

　島に住む人たちは当たり前だと思っている風景のなかに、島外から来た人間にとってすごく魅力的なものがある。それを発見して冊子にまとめるプロジェクトを立ち上げるにあたっては、行政から頼まれるのではなく自主的に活動したいと考えた。島外の人が島を使って楽しませてもらうプロジェクトなのだから、参加者が自ら費用負担すべきだと考えたのである。自分たちでお金を出して島を探る。その結果を、楽しませてもらった島にお返しして帰ってくる。そんなことをイメージして、「探られる島」というプロジェクトを立ち上げた。

　狙いは2点ある。ひとつは島を探ってもらう

ことによって島外の人たちに家島ファンになってもらうこと。もうひとつは家島のどの点が島外から見て魅力的なのかを島に住む人に知ってもらうこと。これを達成するために、探られる島プロジェクトは5年間続けることにした。5年の間に、目の前に見える島の表層から深層へと少しずつ家島の生活に入り込み、最終的には家島で生きることの魅力を島外の人たちに紹介できるような冊子をつくりたいと思ったのである。

プロジェクトの行程は7日間。初日はプロジェクトの概要説明と仲間づくり。2日目は島の歴史や文化とフィールドワークの技法を学ぶ。3日目から5日目は2泊3日で島を探り、6日目に撮影した画像を集めて冊子の編集会議。7日目は完成した冊子を受け取って打ち上げ。プロジェクトの参加費は、姫路から島までの交通

「探られる島」プロジェクトには毎年全国の大学から30人ほどが集まった。

費、講師謝金、冊子の印刷製本費、島内での食事代や宿泊費などを合計して27000円。参加者は限定30名。全国の大学のまちづくり関連学科にチラシを送付したり、ウェブやブログで告知した。東京や九州から参加する人もいて、毎年ほぼ30人のチームが誕生した。

2005年に行われた第一回探られる島プロジェクトのテーマは「いえしまにおじゃまします」。家島では、都市部であれば家の中にあるものが家の外に出ているのを発見することが多い。椅子やソファー、流し台や冷蔵庫、食べ物や時計、手書きの伝言やじゅうたんなど。家の中で使わなくなったものをすぐに廃棄するのではなく、屋外空間に出して新たな役割を担わせているのである。外に出された冷蔵庫は中に農機具が入った倉庫になっているし、使い古しのじゅうたんは畑までの小道に敷かれて雑草を押さえつける役割を担っている。なぜそんなに使いまわすのか。島での廃棄物処理費用は都市部よりも高いのである。家の中で不要になったものを家の外で使いまわすことによって、結果的に廃棄物を少なくし、エコロジカルな生活を営んでいることになっている。と同時に、島を訪れた人に不思議な感覚を与える。屋外空間なのに屋内のような感じがする島。まるで家の中にいるような気持ちになる島。「家島」という名称は、神武天皇が嵐にあって島に避難した際、入り組んだ家島の地形のなかでは波がなく静かだったことから、まるで自分の家の中にいるようだということで「家島」と名づけたと伝わっている。現在では、波だけでなく島内各所に家の中にいるような気持ちにさせてくれるものが散らばっている。そんな特徴をまとめた冊子をつくり、まるで誰かの家にお邪魔するように訪れる島だということで「いえしまにおじゃまします」と

1年目「探られる島」プロジェクトのフィールドワークの成果として出来上がった冊子「いえしまにおじゃまします」。

伝言

「エディーがいます」「先にどうぞ」「プリクラスイッチ」・・・。手書きの伝言をあちこちで目にする。知っている人に対する親切心で書いているそうだ。僕らはこういう類の伝言を見つけると、なぜか家島に迎え入れられている気分になった。

時計

学校や公園に時計があるように、家島では道路に面した掲示板や商店の正面、民家の玄関先にまで時計が設置されている。鳩時計まである。いつでも船の出港時間を確認できるようにとの配慮なのかもしれない。

家島では、家の中にあるはずのものが、家の外に出ているのを発見することが多かった。

砕石業

登りたい

動かしたい

先端まで行きたい

選別しているところを見たい

砕石業は、大きな岩盤を徐々に砕いていき、ふるいにかけて選別し、使用目的別に製品化する。砕石には「道路用砕石」、護岸工事などに用いられる「割栗石」などがある。

2年目は採石業に迫った。初めて目にする砕石場はまるで外国のようだった。

いうタイトルをつけた。

2年目は採石業が盛んな男鹿島でフィールドワークを行い、山を削り、石を砕いて運搬する現場を探った。砂漠のように平らになった島。そこでダチョウを飼っている人がいたり、使わなくなった大きな機械が転がっていたりと、非日常的な風景がまるで外国のようだということをまとめた冊子をつくった。3年目は島に住む人の家に泊めてもらって「島のもてなし」を体験した。4年目は空き家を借りて自力で生活することから見えてきた島の特徴をまとめた。5年目は島で働く人たちの仕事を体験させてもらい、働く人たちのポスターを作成した。特に5年目は、探られる島メンバーのほかに慶応義塾大学の加藤文俊研究室の学生たちも合流して、一緒にフィールドワークを実施した。

こうしてまとめた冊子は毎回1500部ずつ印刷し、参加者が20部ずつ持ち帰るとともに、島内各所に置いたり、大阪や神戸などの大学やカフェに配布した。参加者は、自分たちが探った結果をまとめた冊子を友人に見せて家島の魅力を語ったり、就職活動の際に自分が行ってきた活動の資料として活用したりした。

シマハガキ

島の外から来た人間が面白がって撮影した写真は、当初島の人たちにほとんど理解されなかった。島の人たちにとっては、僕たちが集めた写真のどこが魅力的なのかさっぱりわからないというのである。むしろ恥ずかしい写真であり、汚い写真であり、どこにでもある風景だというのだ。探られる島の冊子をつくる際にも、住民が「どうしても掲載して欲しくない」という写真が何枚かあって最終的に掲載を断念した。僕たちにとってはどれも珍しい写真であり、面白い写真である。都市部に住む人間と島に住む人間は、魅力的だと思う風景が違うんだということを島の人たちに理解してもらう必要がある、ということを実感した。そこで、探られる島プロジェクトで集めた写真を絵ハガキにして展示するというプロジェクトを考えた。「シマハガキ」プロジェクトである。探られる島プロジェクトの参加者が撮影した写真をハガキ用紙に出力して200種類の絵葉書を準備した。これを家島の港と大阪市内の2ヶ所で展示したのである。来場者には、気に入ったハガキを2枚ずつ持ち帰ってもらうことにしたところ、家島で品切れになるハガキと大阪市内で品切れになるハガキはまったく違っていることが明らかになった。家島で品切れになるハガキは、神社や港や岡の上から眺める風景の写真。大阪で品切れになるハガキは、畑にポツンと置かれた冷蔵庫や波打ち際に放置された採石用の巨大な鉄の爪。この結果を目の当たりにして、島の人たちが「外の視点と内の視点」の違いを認識するようになった。

それに加えて、探られる島の冊子を手に家島を訪れる人が増えてくるようになったため、都市部に住む人たちにとって魅力的だと思う風景がどんな種類なのかをますます理解するようになった。家島町としても、漁業から採石業へと移行した島の主幹産業を、今後は観光業へとシフトさせようとしていた。観光業としてどんな方向性を目指すべきかという相談を受けた僕は、テーマパーク的な整備によって一気に人が押し寄せることになると、その種の人たちは一気に飽きて島を訪れなくなることになるため、じわじわと

03
2007
衝撃のもてなし!!
参加者、いえしまの民家に泊めてもらう
豪華
絢爛
おみやげ干物
ワタリガニ、アワビ、サザエ、タイ
食べきれないくらいの食事に
参加者タジタジの現場
加えて
歌や踊りでもてなされ、
興奮の日々！！
その全貌が今、明らかとなる！
こんなもてなし
あなたはうけたこと
がありますか？
私たちはうけたことがありませんでした！
プロジェクト第3弾　ついにいえしまの深層にせまる！
「探られる島」プロジェクト　2007
プロジェクトブック

3年目、島の人の家に泊めてもらう。

食べさせたい「料理」

宿泊先のお宅で出してくれた料理はものすごかった。タイ、メバル、ハモ、アナゴ、エビ、シャコ、イカ、ワタリガニ、・・・。普段は食べることができない新鮮な海の幸の数々。調理法はいたってシンプル。素材が良いので余計なことをする必要が無い。魚をおいしく食べる方法を知り尽くしたいえしまならではの「おもてなし料理」。それにしても量がすごい。

いえしまで受けたもてなし。

5年目は島の仕事を体験させてもらい、参加者が島で働く人たちのポスターを作った。

来訪者が増えるような仕組みをつくるべきだと提案した。100万人の人が1度だけ訪れる島ではなく、1万人の人が100回訪れたくなるような島にすべきであり、コアな家島ファンをどうつくるかが重要だと考えていた。その意味で、探られる島を通じて家島を第二のふるさとだと考える若者がじわじわと増えることは重要だと感じている。

探られる島の発想のもとは、建築系の大学で行う設計演習である。僕らは設計演習の対象地となった場所に何度も訪れる。現地を調査して、その場所の魅力と課題を整理し、その場所がどんな空間になればいいのかを提案する。こうして関わってきた場所は、その後も少し気になる場所になる。卒業研究で関わった場所ならなおさらだ。あの場所はいまどうなっているかな、とたびたび思い出す場所になる。家島がそういう場所になれば、毎年30人ずつの参加者であったとしても、数年後にふと訪れたくなる島になるだろうし、冊子を配布して友人に旅行を勧めたくなる島になるだろうし、島の人たちとの交流を通じて常に気になる島になるだろうと考えたのである。探られる島プロジェクトに参加したことがきっかけで、もっと家島を探りたいと考え、卒業研究や卒業制作のフィールドとして家島を選ぶ学生が増えている。これまでに15名の学生が、家島を対象に論文を書いたり作品を制作したりしている。その後も、就職や結婚といった人生の節目に家島を訪れて、島の人たちに報告したり挨拶したりするかつての参加者が多い。国土交通省に就職して、たまたま離島振興課に配属された探られる島の参加者、寺内雅晃氏（生活スタジオにも参加していた）が仕事として家島を訪れるようになったこともある。

まるで家の中にいるような気持ちにさせてくれる島。島の人たちとの交流を通じて、気になる島、また訪れたくなる島になるといい。

『いえしままちづくり読本』——総合振興計画づくり

２００４年に前述の「まちづくり研修会」で自治会ごとのガイドブックをつくっているころ、家島町役場の企画財政課から総合振興計画を住民参加でつくってもらえないか、という依頼があった。研修会に参加している住民40名と、その他の住民60名を併わせて１００名の住民と一緒に、新しい総合振興計画をつくってほしいというのである。

そこで、研究会に参加してくれた人やフォーラムに出席してくれた人などを中心に１００名の住民を公募し、参加者をチームに分けて総合振興計画の内容について検討した。ワークショップ形式で話し合い、住民が提案したまちづくり活動をベースにした総合振興計画を策定しようと考えていた。しかし、家島町は姫路市と合併することになり、計画策定は2年目で中止となる。合併することになれば、家島町独自の総合振興計画は必要なくなる。しかし、姫路市のなかでもいえしま地域がまちづくりの先進地となるよう、集まった住民が提案したことをまとめておき、今後のまちづくりの指針とす

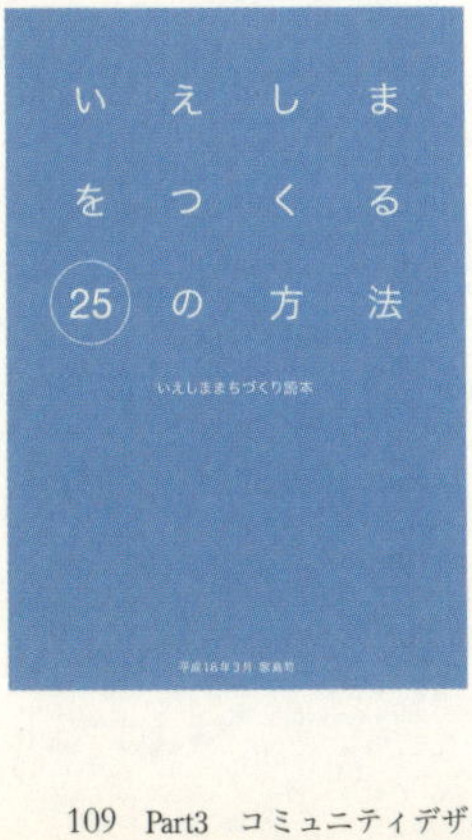

住民参加でつくった総合振興計画をアレンジした『いえしままちづくり読本』。

べきではないか。そんなことを提案し、ワークショップで提案された内容をまとめた冊子『いえしままちづくり読本』をつくった。まちづくり読本は、住民からの提案を実施人数ごとに整理し、「1人でできること」「10人でできること」「100人でできること」「1000人でできること」という目次構成にした。まちづくりにおける自助、共助、公助の関係性を示したかったのである。自分でできることは自分でやる。誰かと協力したらできることは仲間を募ってやる。自分たちだけではどうしてもできないことだけを行政と一緒にやる。その関係性を明確にするために、人数ごとに分けた目次にした。この冊子は3500部印刷され、閉町式の際に島内全戸へと配布された。

まちづくり基金

2005年の合併前に、企画財政課からひとつの相談を受けた。家島町には寄付された1億円と合併特例債の2億円を併せて、自由に使えるお金が3億円ある。合併までの間にこれを町民のために使いたいと思うが、すばやく使い切るためには文化施設を建設するしか方法は無いだろうか、というものである。設計に携わるものとして、新たな施設を家島に設計するというのは魅力的な仕事である。建築家としてデビューするチャンスかもしれない。が、一方でハコモノの弊害もよく知っている。特にこういう経緯でつくられるハコモノがうまく運営されるはずがない。建築家デビューの誘惑を断腸の想いで封じ込め、合併までにできることとして「まちづくり基金の設立」を提案した。

11

10人でできること

「昔は良かった」をやめる。

「昔は良かった」に似ている言葉

・「最近の若いものは…」
・「俺が若い頃は…」
・「こんなはずじゃなかった…」

食事やお酒の席で「昔はよかった」なんて言ってしまうことはありませんか。「時代が戻ったらいいな」と考えていると、不満ばかりが出てくるものです。

食事のときや酔ったとき、「これからどう楽しく生きるか」ということを話すことができれば、その場はもっと楽しくなるはずです。

「昔はよかった」という話をやめてみませんか。その代わりに「今度これをしようと思うんだ」、「一緒にやろうよ」という話をしてみることです。

建設的な会話こそが、わくわくするような「いえしま」の未来をつくるきっかけになるはずです。

こんなときにやってみよう!

・同窓会で。
・お花見で。
・忘年会で。
・新年会で。

みんなで集まる新年会

10人でできること。「昔は良かった」をやめる。(『いえしままちづくり読本』より)

3億円あれば、毎年１０００万円ずつ使ったとしても30年間使い続けることができる。例えば上限１００万円のまちづくり助成金を毎年限定10団体ずつに与えるとしたら年間で１０００万円。30年間、いえしま地域のまちづくり活動をサポートすれば、姫路市の中でもいえしま地域は飛びぬけてまちづくり活動が盛んな場所となるだろう。主務官庁である兵庫県の承諾を得て、公益信託として3億円を銀行に預けてしまえば、合併後も姫路市が手を出せない金としていえしま地域のまちづくりのために使うことができる。選定委員会を設け、申請書が出た団体について助成金を出すかどうかを検討しながら、いえしま地域におけるまちづくり活動をサポートするのが3億円の有効な使い道なのではないか、ということを提案した。

企画財政課の行動は早かった。すぐに県庁と相談し、銀行に信託として3億円を預けてしまった。こうして3億円は選定委員会が認めたまちづくり活動団体にだけ助成金を出すことができる財源として確保され、姫路市の意向に左右されることはなくなったのである。選定委員会は10名で構成されており、各自治会の会長、町議会議員、町長な

この助成を使って住民が提案した「海の家づくり」には studio-L も関わった。このときは関西の大学生と島の漁師とが協力して海の家を建設した。

NPO法人「いえしま」をつくった島のおばちゃんたち。

どに加わり、発案者として僕も委員に選ばれた。また、Studio:L 時代から家島に関わっている大阪産業大学の檀上祐樹氏も委員になっている。2006年から助成制度が始まり、現在も多くの団体が助成を受けて活動を展開している。

NPO法人の設立と特産品開発

2002年に初めて「まちづくり研修会」を実施したときから、ずっと一緒に活動してきたおばちゃんたちがいる。本人たちは「おばちゃん」と呼ばれるような年齢になったことを自覚していないようだが、孫が生まれて喜ぶメンバーがいるようなコミュニティである。この人たちとは、まちづくり研修会以降、探られる島、シマハガキ、総合振興計画づくりなどに取り組んできた。自治会や婦人会とは違う、テーマ型のコ

NPO が開発したいえしま寿司「ありさとおばちゃん」。包装紙は食べながら読めるような新聞形式。西上さんがダーツを投げて家島にやってきたエピソードが綴られている。

ミュニティだ。そのコミュニティが、2006年にNPO法人を取得したいと言い出した。長い間、NPO法人とは何か、法人になるメリットは何か、ということを話し合ってきて行き着いた答えだ。NPO法人としてstudio-Lから独立して資金を獲得し、まちづくり活動を続けることが重要だと考えたのである。

さっそくおばちゃんたちと一緒に法人設立の書類を作成し、数ヵ月後にNPO法人「いえしま」が誕生した。このNPOが取り組むことは2種類で、家島産の魚介類をつかった特産品を開発して販売することと、特産品販売の利益でまちづくり活動を展開することだ。特産品開発は、大漁時に値下がりした魚や規格外の魚を適正価格で買い取り、加工することで付加価値をつけて販売し、島の水産業を盛り上げるとともに特産品を通じた島のPRを目指している。まちづくり活動は、合併によって配布されなくなった「広報いえしま」を復活させて島内の情報を共有したり、福祉タクシーを走らせて移動困難者の生活をサポートしたりしている。

2008年からは、国土交通省が主催する「アイランダー」という離島紹介イベントに参加することになり、NPO法人「いえしま」がいえしま

国交省主催のイベントで家島をアピール。

おばちゃんたちによる特産品「のりっこ」の開発と、パッケージのデザイン。
即興で考えたパッケージデザインもほのぼのとしていて雰囲気があるのだが（写真下右）、デザイナーたちは後日、それをブラッシュアップしたデザイン案を送ってくれることが多い。これはとてもありがたい。（写真下左。デザイン：大黒大悟）

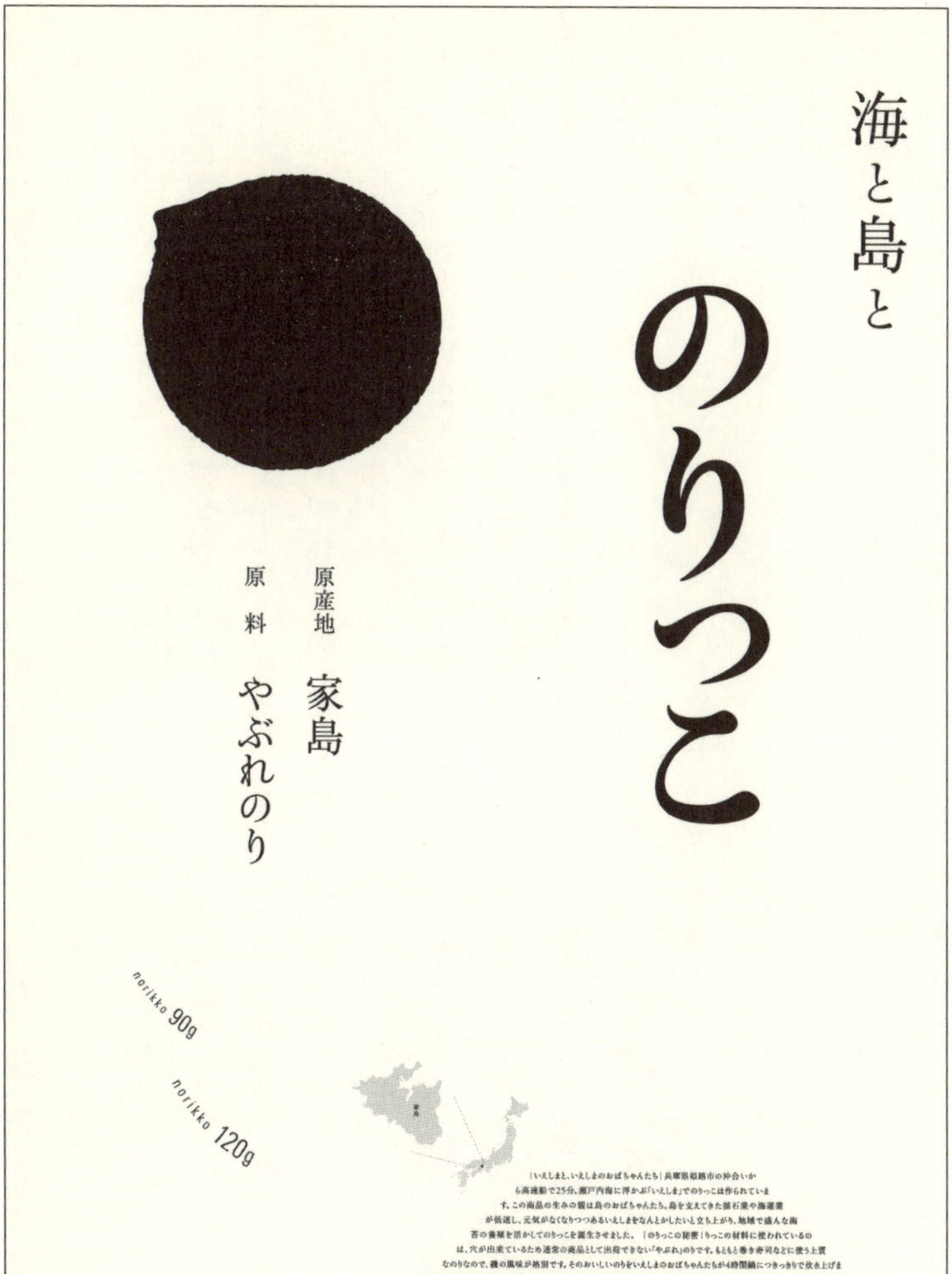
海と島と
のりっこ
原産地　家島
原　料　やぶれのり
norikko 90g
norikko 120g
｜いえしまと、いえしまのおばちゃんたち｜兵庫県姫路市の沖合いから高速船で25分、瀬戸内海に浮かぶ「いえしま」でのりっこは作られています。この商品の生みの親は島のおばちゃんたち。島を支えてきた採石業や海運業が低迷し、元気がなくなりつつあるいえしまをなんとかしたいと立ち上がり、地域で盛んな海苔の養殖を活かしてのりっこを誕生させました。｜のりっこの秘密｜りっこの材料に使われているのは、穴が出来ているため通常の商品として出荷できない「やぶれ」のりです。もともと巻き寿司などに使う上質なのりなので、磯の風味が格別です。そのおいしいのりをいえしまのおばちゃんたちが4時間鍋につきっきりで炊き上げました。もちろん無添加無着色。これがおいしさの秘密です。｜のりっこの楽しみ方｜まずは熱々のご飯にのせてお召し上がり下さい。バターを塗ったパンにも合います。納豆や卵焼きと一緒に食べてもおいしい。ゆでたスパゲッティに混ぜれば和風パスタの出来上がりです。ディップとして野菜につけたり、グラタンに入れるのもおすすめです。おいしさいろいろなのりっこ。お好みの食べ方を見つけて下さい。

「のりっこ」のポスター。

地域の魅力を東京で紹介することになった。探られる島の冊子を配布したり特産品を販売したりして、東京に住む人や全国の離島からアイランダーに参加した人たちにいえしま地域の魅力を伝えている。

２００９年からは、千里ニュータウンや多摩ニュータウンなど、大規模ニュータウンに住む人たちとの交流が始まった。ニュータウン住民が集まって家島の加工品を共同購入してもらうとともに、ブログやツイッターを介して地域の情報を発信したり、家島に招待したりして生産地見学会などを開催している。誰がどんな素材を使ってどんな場所で作った加工品なのかを全体的に理解してもらうことで、特産品を介した家島ファンを生み出したいと考えている。

また、地域の魅力を伝えるパッケージデザインの開発にも取り組んでいる。商品の情報だけを掲載するパッケージではなく、生産や加工に携わった人の想いや家島の生活文化、特産品が生まれた背景にある物語などをパッケージに載せるようなデザインを模索している。基本的にはstudio-Lでパッケージをデザインしているのだが、グラフィックデザイナーを家島へ招待して、その場でパッケージデザインを考えてもらうこともある。

ゲストハウスプロジェクト

ＮＰＯ法人「いえしま」は、２００８年から空き家をゲストハウスとして活用するプロジェクトを実施している。全国の離島と同じく、いえしまにも空き家が増えている。が、持ち主はなかなか貸したがらない。一般的に、空き家を他人に貸さない理由は5つあると言われている。1つ目は「盆と正月には家族が帰ってくるので老夫婦には広すぎる家でも他人には貸せない」。2つ目は「仏壇があるので他人に貸すわけにはいかない」。3つ目は「部屋に溜まった荷物が移動させられないので他人に貸せない」。4つ目は「貸した結果、集落に入ってきた人が集落の迷惑になるようなことを起した場合、自分の責任になるのが嫌だ」。そして最後が「〈あの家もついに人に家を貸さなければならないほど落ちぶれたか〉と思われるのが嫌だ」というもの。

そこで、いえしまでは空き家をゲストハウス化するためのキットを検討したいと考えた。仏壇のある部屋とか、荷物が置いてある部屋には入らないような部屋をつくりだすキットであり、これを使って家主が入って欲しくない部屋には立ち入らないままゲストハウスを運営するのである。キットは日本間のモデュールに合わせてつくってあり、貸主が空き家を返して欲しいといえばすぐに折りたたんで持ち出し、別の空き家へ持ち込んでゲストハウスを再開する。

対象は外国人旅行客。いえしま地域の民宿などが、すでに国内の旅

2009年にコンシェルジュ養成講座を実施した。おもてなしの方法やいえしま地域の魅力案内、京都のゲストハウス視察などを行った後、実際に外国人を呼んで空き家で実験的なゲストハウスを開催した。養成講座を受講した11人のうちの1人が家島に住んでゲストハウスプロジェクトを運営するという話になったため、現在はそのコンシェルジュとNPO法人「いえしま」が協力しながらプロジェクトを推進している。

漁師さんから借りた大漁旗で間仕切りをつくり、ゲストハウスを実施している。今後は、間仕切りキットについても検討する予定。

行者を呼び込んでいる。僕たちが島の民宿のお客さんと同じ層をゲストハウスに呼び込んで民宿に迷惑をかけるわけにはいかない。いえしま地域にまだ来ていない層を呼び込み、気に入ってもらったら次回からは民宿を予約してもらう。そんなプロジェクトなら民宿関係者も応援してくれるという。

姫路城が世界遺産に登録され、多くの外国人が京都から姫路へ移動するが、数時間滞在するだけでそのまま広島へ行ってしまう。姫路に外国人が泊まることは少なく、通過点になってしまっているのだ。姫路まで来た外国人を船に乗せて島まで連れ出し、そこでゆっくりとした時間を過ごしてもらう。いえしま地域のゲストハウスプロジェクトはそんな観光を提案したいと思っている。

自立したコミュニティを生み出し、僕たちは5年でいなくなる

いえしま地域で体験してきたことは多岐にわたる。まちづくりワークショップの運営、地元を知るためのフィールドワーク、外部の視点で地域の魅力を発掘する探られる島プロジェクト、住民参加による総合計画づくり、まちづくり基金の設立、特産品開発と地域の公益事業、外国人を地域へ呼び込む空き家活用ゲストハウスプロジェクト、観光コーディネーターの育成は、こうしたプロジェクトを推進しつつ、地元住民を組織化し、自分たちの力でプロジェクトを運営するためのノウハウを伝え、財源の生み出し方を検討し、他地域との連携体制を確立する。その結果、自立したコミュニティを生み出すことができるとともに、そのコミュニティが僕たちの仕事を引き継いで、さらに発展していくことになる。感覚的ではあるが、

その期間はおおむね5年間ではないかと感じている。5年間で僕たちは地域からいなくなる。

いえしま地域の場合、まちづくり活動もさることながら、主幹産業が衰退する中で新たな産業をどう生み出すかということが大きな課題だった。一気に盛り上がる地域産業は何がしかのきっかけで一気に盛り下がる。漁業から採石業へと主幹産業が入れ替わったとき、家島は一気に活性化したという。当然、採石業が低迷すれば家島の景気は一気に悪くなる。採石業の後に観光業に取り組む場合も同じ轍を踏まないように気をつけなければならない。家島をリゾート化して、一度にたくさんの人が呼べるようにすれば、一時的には景気が良くなるかもしれない。しかし何年かあとに同じような課題に直面することになるだろう。じわじわと観光拠点をつくり、じわじわと観光案内人を

観光まちづくりをゆっくり進めることにはそれなりの意味がある。

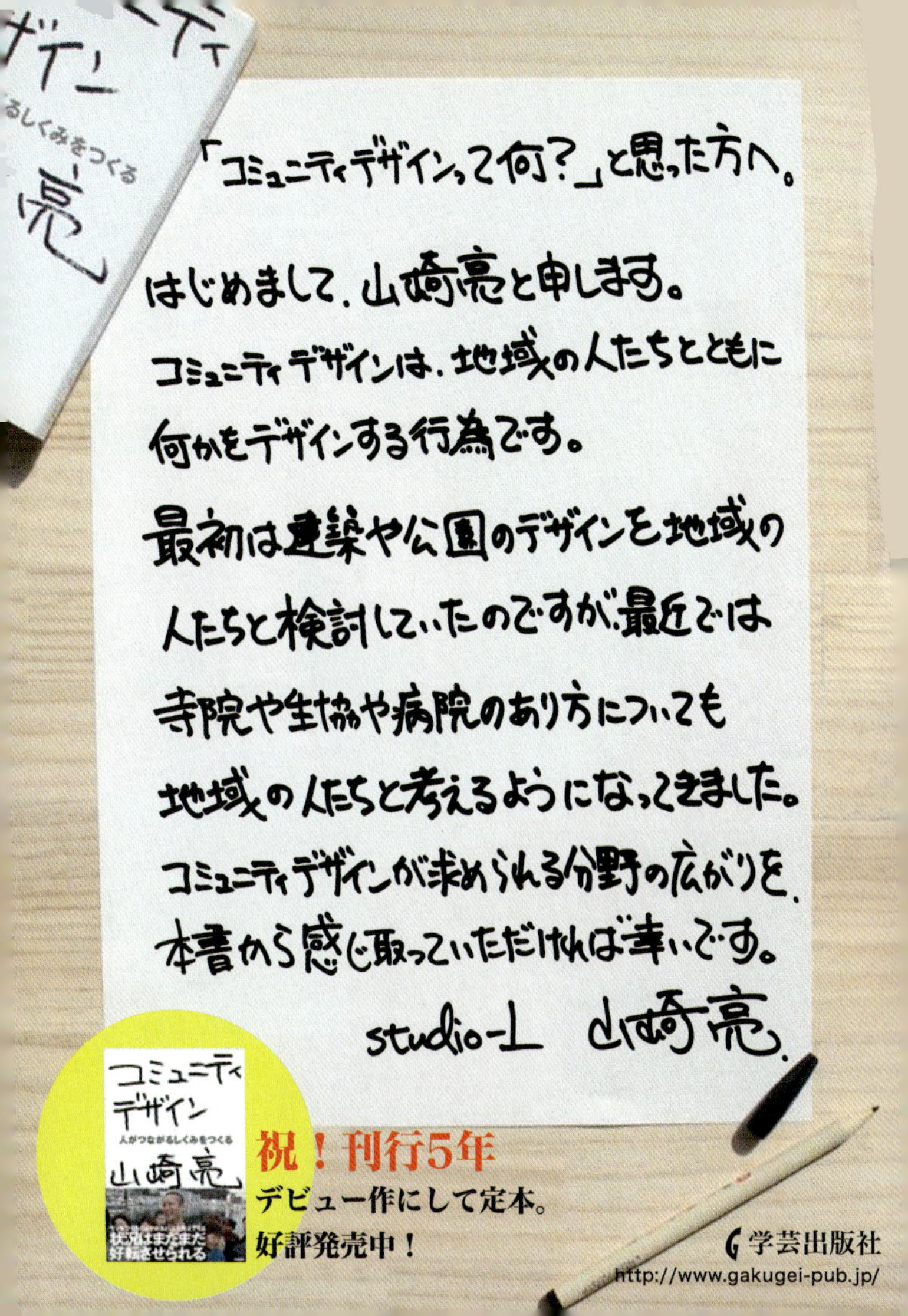
「コミュニティデザインって何？」と思った方へ。
はじめまして、山崎亮と申します。
コミュニティデザインは、地域の人たちとともに
何かをデザインする行為です。
最初は建築や公園のデザインを地域の
人たちと検討していたのですが、最近では
寺院や生協や病院のあり方についても
地域の人たちと考えるようになってきました。
コミュニティデザインが求められる分野の広がりを、
本書から感じ取っていただければ幸いです。
studio-L 山崎亮
コミュニティデザイン
人がつながるしくみをつくる
山崎亮
状況はまだまだ好転させられる
祝！刊行5年
デビュー作にして定本。
好評発売中！
学芸出版社
http://www.gakugei-pub.jp/

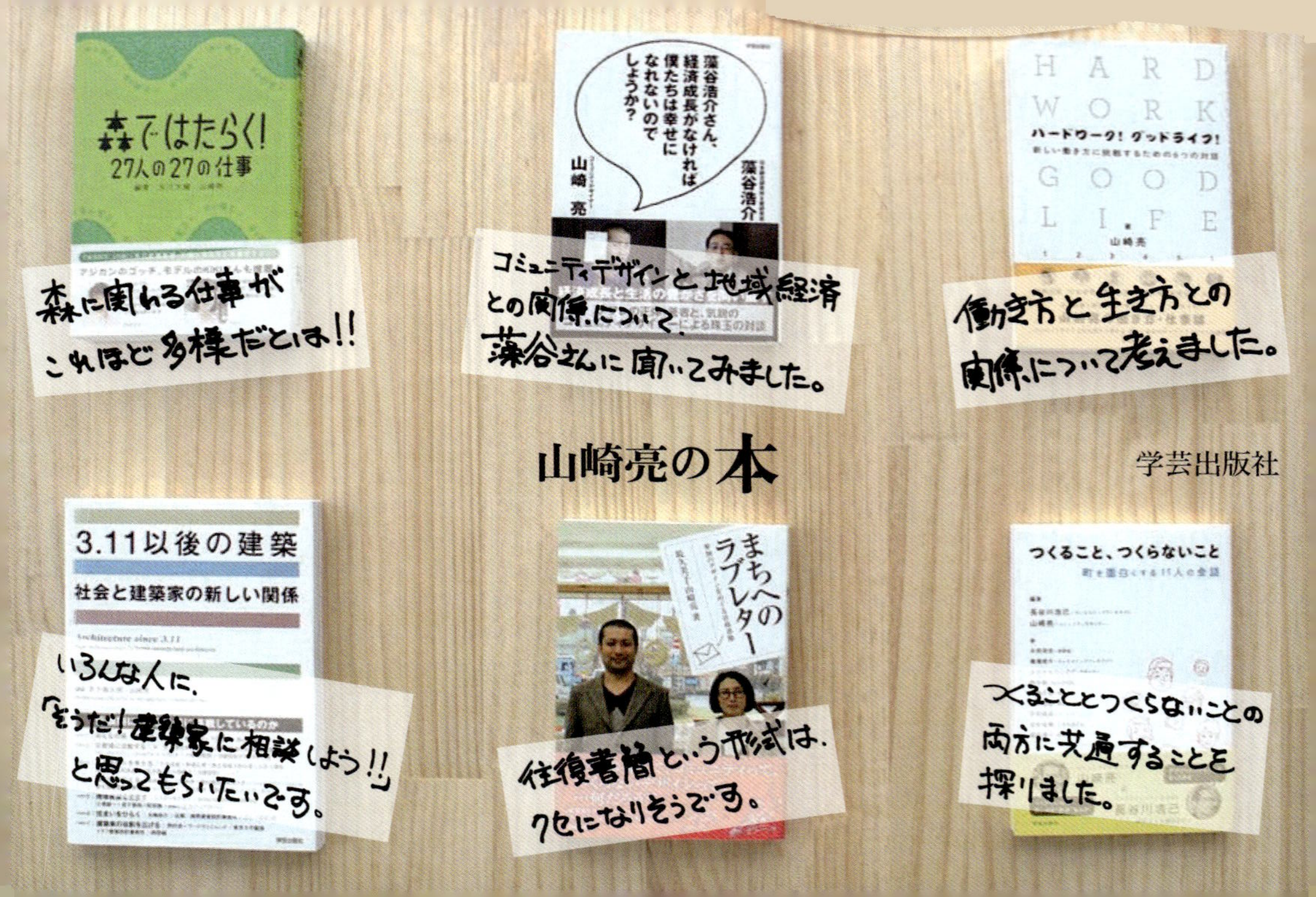
森ではたらく!
27人の27の仕事
森に関わる仕事が
これほど多様だとは!!
藻谷浩介さん、経済成長がなければ僕たちは幸せになれないのでしょうか?
藻谷浩介
山崎亮
コミュニティデザインと地域経済
との関係について、
藻谷さんに聞いてみました。
HARD WORK GOOD LIFE
ハードワーク! グッドライフ!
山崎亮
働き方と生き方との
関係について考えました。
山崎亮の本
学芸出版社
3.11以後の建築
社会と建築家の新しい関係
Architecture since 3.11
いろんな人に、
「そうだ! 建築家に相談しよう!!」
と思ってもらいたいです。
まちへのラブレター
往復書簡という形式は、
クセになりそうです。
つくること、つくらないこと
町を面白くする11人の会話
つくることとつくらないことの
両方に共通することを
探りました。

育て、じわじわと町民におもてなしの心を理解してもらう。その間、じわじわと来訪者が増えてくれば、その対応にあわてることもなく、借金して設備投資する必要もなく、急に人を雇うこともない。観光まちづくりをゆっくり進めることにはそれなりの意味があるのだ。そしてその速度は、住民が試行錯誤を繰り返しながらプロジェクトを推進し、そのプロセスで主体性を取り戻すための重要な時間を与えてくれる。コミュニティデザインにおいて「ゆっくりであること」は大切なことだ。

2　1人でできること、10人でできること、100人でできること、1000人でできること

海士町総合振興計画（島根　2007―）

総合計画を住民参加でつくることによってまちづくりの担い手を生み出す

日本中、どの役所へ行っても目にする冊子がある。総合計画をまとめた冊子だ。総合計画というのは、行政の最上位計画と言われる計画で、市町村が今後10年間に実施する各種政策をまとめたものだ。教育、福祉、産業、環境、建設、財政など、行政が担う仕事のすべてが10年分この計画に収まっている。

少し前までは、冊子の中に書き込む項目まで法律で決められていたもので、どの市町村のどの課の本棚にも必ず何冊か置いてある（1999年に地方自治法の改正によって基本構想以外は自由に書けるようになった）。置いてあるのだが、職員はよほどの理由が無い限りほとんど手に取らない。多くの場合、総合計画は外部のシンクタンクがつくっている。各課の職員がつくっているわけでもなければ、そのまちに住んでいる

住民と一緒に総合計画をつくることで、まちづくりの担い手を育てることが大切だ。

人たちがつくっているわけでもない。全国の市町村で統一した規格が決められているため、規格に合った計画づくりのプロにつくってもらっていたのである。だから各課の職員はほとんどその内容を知らない。ほとんどの住民はその存在すら知らない。内容は他の自治体のものとそっくりで、「うるおい豊かなまちを目指して」などというスローガンが掲げられているのが常である。

10年に一度改定することが決まっている総合計画をシンクタンクに任せて、ほかの市町村と同じようなものにしてしまうのはもったいない。そう考えたのが島根県の離島、海士町《あまちょう》の町長である山内道雄氏だ。せっかくまちの総合的な計画をつくるのであれば、住民も行政職員も参加して、みんなでまちの将来について語り合うべきではないか。そんな話を聞きつけた一橋大学の関満博先生は、僕たちがいえしま地域で進めていたプロジェクトを海士町の町長に紹介してくれた。

町長に呼ばれた僕は、海士町役場の町長室で「総合計画を住民と一緒につくることで、まちづくりの担い手を育てることが大切だ」という話をした。実際、いえしま地域で住民と一緒に2年かけて総合計画をつくっていたとき、さまざまな活動団体が生まれた経験があった。残念ながら家島町は姫路市と合併したので総合計画自体は必要なくなった。そのエッセンスは『いえしままちづくり読本』として全戸に配布されたが、結果的に活動団体は今もいえしま地域でまちづくりの担い手になっている。特にNPO法人「いえしま」のおばちゃんたちの活動は目覚しいが、そのほかにも海の家をつくって砂浜を管理している団体や観光協会と協働して新しいツアーのあり方を模索する団体などが誕生している。総合計画をつくることも大切だが、そのプロセスで参加した住民をチーム化し、それぞれのチームが総合計画のなかで提案した事業を個別に実施し始めることはもっと大切だと感じていたのだ。

海士町長の想いも同じだった。海士町はこれまで数々の事業を率先して行っており、人口2400人の島に250人以上の移住者（Iターン者）が住み着いていた。ほかにもUターンして島へ戻ってくる人も多くいた。いっけん成功しているかに見える海士町のまちづくりにも、いくつかの課題があった。そのひとつがIターン者とUターン者と地元継続居住者との間であまりコミュニケーションがとれていないことだ。Iターン者は地元に住み続けている人たちと何かしたいと思っているのだが、なかなか知り合うきっかけが無い。地元継続居住者はよそから来たIターン者がどんな人たちなのか分からないので様子を見続ける。Uターン者はその間に立ってどちらにも近づけない。その結果、Iターン者はIターン者ばかりで集まり、Uターン者も地元継続居住者もそれぞれで集まってしまうことが多くなっていた。

総合計画を住民参加でつくるのであれば、Iターン者、Uターン者、

島根県の離島、海士町。人口2400人のなかには、地元に住み続けてきた人、外から戻ってきた人（Uターン者）、そして250人の移住者（Iターン者）が混在している。

地元継続居住者の混合チームをつくるべきだ。アイスブレイク、チームビルディング、リーダーズインテグレーション（チームのリーダーを決めるとともに、リーダーを支える役割分担をチームの構成員が自然に理解し、実行するためのゲームなど）を適切なタイミングで行い、2年かけて計画を検討し、その後は自分たちが提案した事業を実際に進める。その頃には、三者の区別はほとんどなくなり、チームごとにプロジェクトを遂行しているだろう。総合計画を住民参加でつくりあげることも目的だが、もうひとつの目的はまちづくりの担い手となるチームを生み出すことであり、これによって三者の間にある壁を少しでも低くすることを目指すことにした。

チームづくりと計画づくり

住民参加で計画をつくるにあたっては、いつもどおり住民のヒアリングから始めることにした。この島にどんな人が住んでいて、どんなことを考えているのかを知りたいと思ったからだ。同時に、そういう人たちと知り合いになって計画策定ワークショップに出てきてもらいたいと思ったからでもある。

住民ヒアリングは、会社勤めの人、自治会で活動している人、住民として活動している人の3種類65人に協力してもらった。もちろん、Iターン、Uターン、地元継続居住者がほぼ同数になるようにヒアリング先を決めた。

同時に、役場内でワークショップを行った。これまでにないプロセスで総合計画をつくるため、役場職員にも協力してもらわなければならないことがたくさんあったからだ。約100名の役場職員ほぼ全員がワークショップに参加してくれたこともあって、プロジェクトの進め方についてさまざまな意見を集めることができた。

総合計画づくりのためのワークショップには約50人の住民が参加した。参加者の興味がどこにあるのかを調べてまとめたところ、「ひと」「暮らし」「環境」「産業」の4つに分類されることがわかった。と簡単に書いたが、テーマを4つに分類するのは大変な作業である。みんなが出した言葉をまとめて4つのキーワードを出しつつ、KJ法など言葉から共通のテーマを導き出す方法を使い、言葉を出した人たちの性別や年齢、そしてIターンやUターンといった居住歴を勘案しながら何度

役場内のワークショップには職員ほぼ全員、約100名が参加してくれた。

も何度もキーワードを整理しなおす。複雑なパズルを解いている気分だ。結果的にバランスの取れたチームが編成できそうなキーワードが出てきたら、それを住民に提示してチームごとに分かれてもらう。ちょうど13人ずつのチームになったのも偶然ではない。

どのチームにも、若い人もベテランもいる。女性も男性もいる。Iターン者も地元継続居住者もいる。人数も同じ。4つのチームが同じスタートラインについたことになる。ここから、アイスブレイクやチームビルディングを行い、各チームのリーダーを決めたらインテグレーションを行ってチームごとの役割分担を明確にする。いずれも自分の興味に沿ったチームのテーマなので、主張したいことはたくさんある。これらをチーム内でまとめて具体的なプロジェク

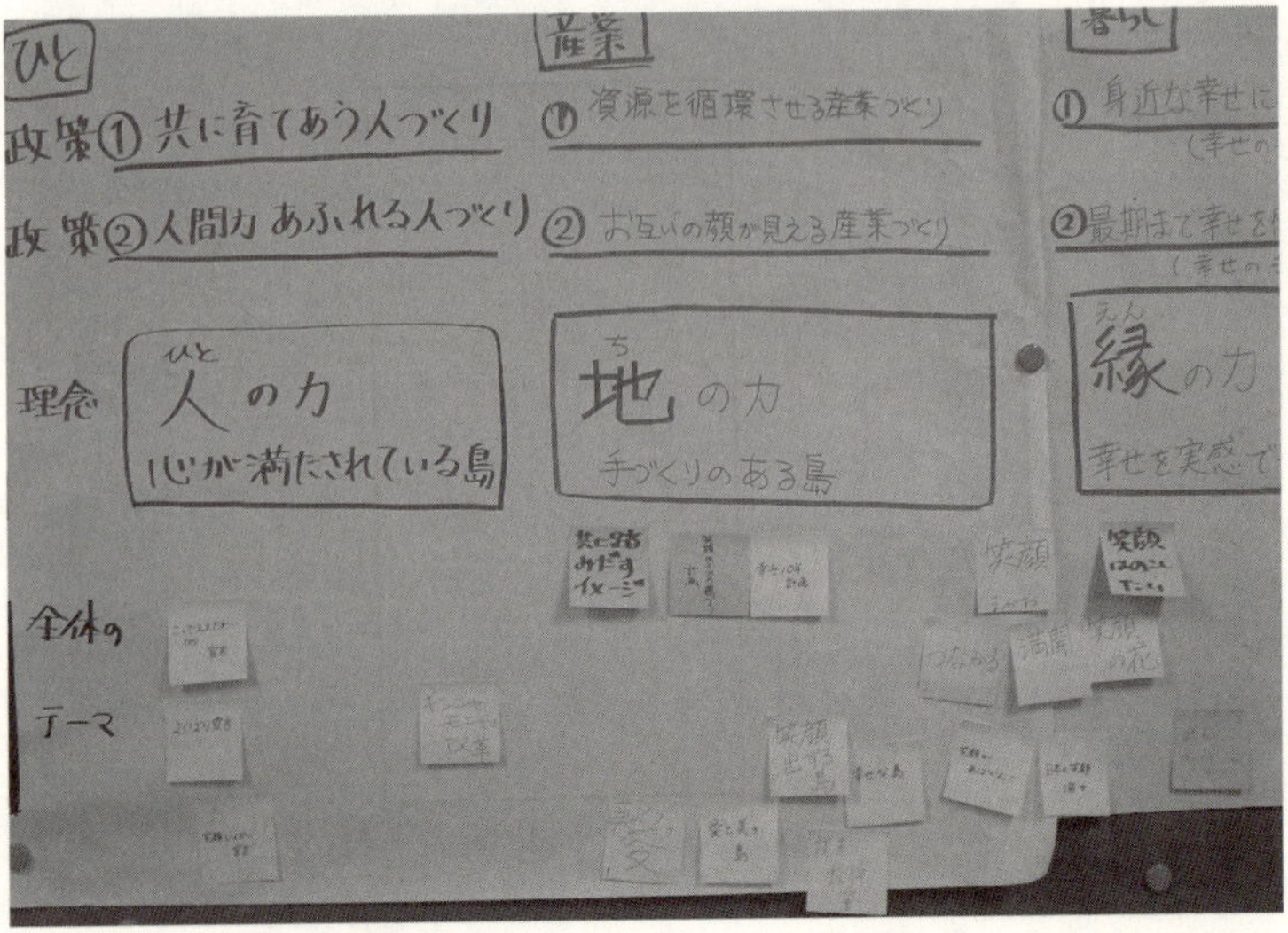

住民の興味は「ひと」「暮らし」「環境」「産業」、4つに分類された。

トへと結びつけるためには、いくつかの技術が必要になる。ブレーンストーミングやＫＪ法といった会議手法から、ワールドカフェ（カフェに見立てた少人数のテーブルをテーマごとに設置し、それらを順次回りながら気楽に話し合う会議の進め方）などのオープンスペーステクノロジーまで、それぞれのチームが自分たちでワークショップを進められるようにファシリテーションの技術を何度も伝えた。３回目のワークショップまでは僕たちが進行していたが、それ以降は各チームが独自にワークショップを運営し、さらには非公式な会合を何度も繰り返すようになった。会合の結果は議事録として常に全体と共有することになっていたので、ほかのチームがどこまで進んでいるのかをお互いに意識しながら検討を進めるようになる。非公式な会合はチームごとに何度も行われ、ついには海士町に住

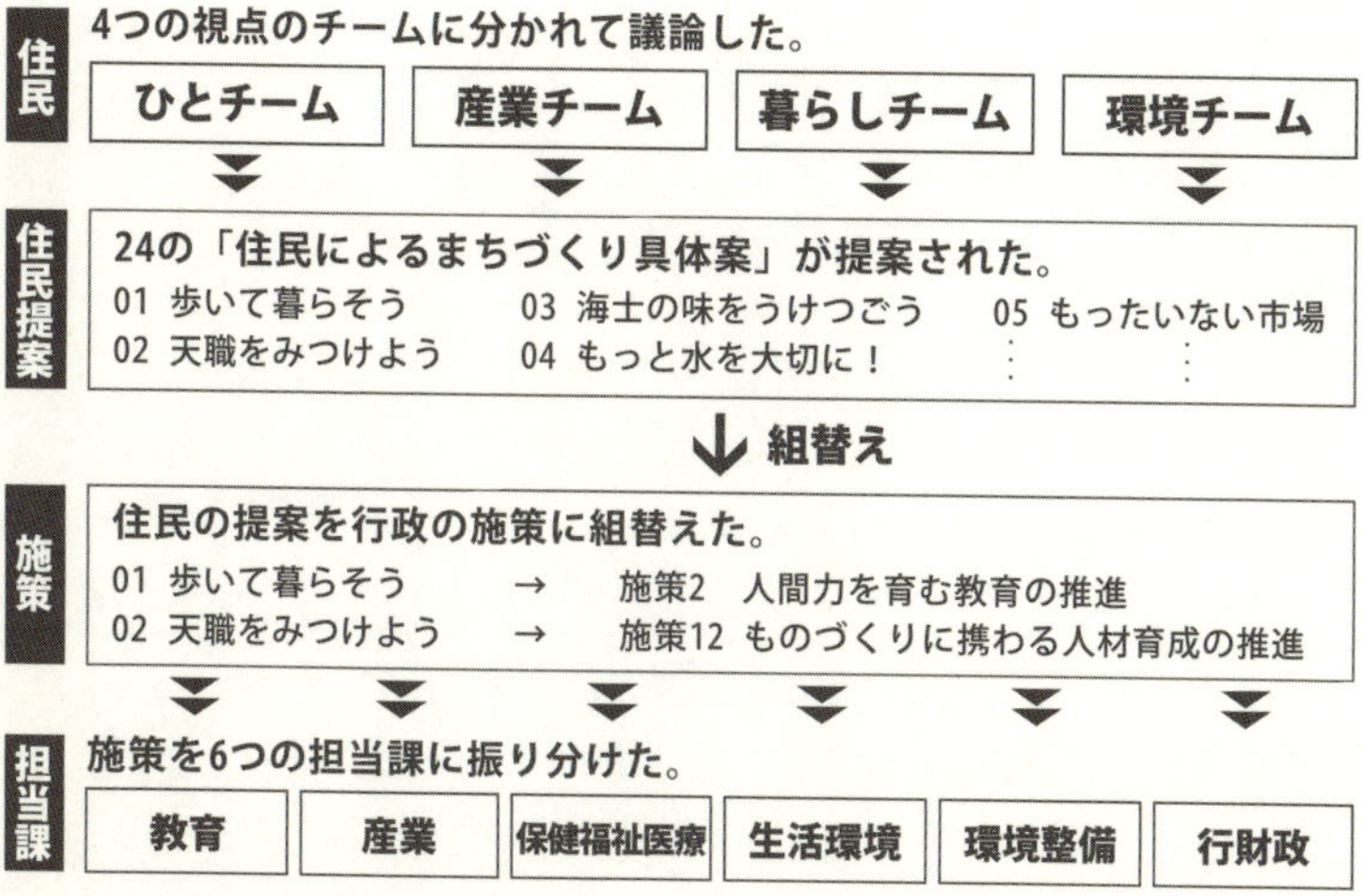

住民
4つの視点のチームに分かれて議論した。
ひとチーム
産業チーム
暮らしチーム
環境チーム
住民提案
24の「住民によるまちづくり具体案」が提案された。
01 歩いて暮らそう
02 天職をみつけよう
03 海士の味をうけつごう
04 もっと水を大切に！
05 もったいない市場
組替え
施策
住民の提案を行政の施策に組替えた。
01 歩いて暮らそう → 施策2 人間力を育む教育の推進
02 天職をみつけよう → 施策12 ものづくりに携わる人材育成の推進
担当課
施策を6つの担当課に振り分けた。
教育
産業
保健福祉医療
生活環境
環境整備
行財政

海士町総合振興計画（本編）の構成。

みながらにして町内の宿泊施設で2泊3日の合宿を行おうという話になった。早朝から夜中まで、食事しながらも風呂に入りながらも、ひたすら議論し続けて提案の内容を精査した。

計画書のデザイン

こうして検討された住民提案を、関係する行政各課の担当者へ持っていってさらに検討し、最終的には住民が提案した政策や事業に基づく総合計画を策定した。総合計画の全体のフレームは「ひと」「暮らし」「環境」「産業」という4つのテーマによって分かれている。ただし、このままだと行政のどの課がどの事業を担当すればいいのかわかりにくいため、次のページで事業を各課に割り振りなおしている。これによって、住民が自分たちで進めるべき事業はどの課と協働すればいいのかがわかりやすくなった。

また、事業のほとんどに「別冊」と書かれたアイコンが付いている。総合計画に別冊があるというのは珍しいことだが、海士町の場合は住民が提案したプロジェクトをまとめた別冊をつくり、これが総合計画

海士町総合振興計画（本編）『島の幸福論』。

別冊『海士町をつくる 24 の提案』。

そこで、現代版海士人宿をつくりたいと考えています。場所は、島内にある使われなくなった保育園などの空き施設。キーワードは「趣味」です。空いている場所で、自分の趣味を活かして、島内の交流を生み出すという作戦です。例えば、サッカー好きが集まってのサッカー観戦会を計画したり、手芸が得意な人は、工房をつくって手芸教室を開いたり、料理上手が日替わりでカフェを運営してみたり……。予算をかけて新しい施設をつくるのではなく、あるもの（技）を持ち寄って、お年寄りから若者まで、誰もが楽しく過ごせる空間、それが海士人宿です。

まずは、みんなが使えるコピー機などの道具や設備を整える必要があるでしょう。そんな場所づくりから、多くの仲間に出会え、海士で暮らす楽しみがつながっていくように思います。こんなことしたい、あんなことしたいを持ち寄って、海士人宿を一緒につくりましょう。

参考事例
ひがしまち街角広場（大阪府千里ニュータウン）
コモンカフェ（大阪府北区中崎町）

07 趣味から広がる出会いの場、海士人宿につどおう。

海士人宿とは50年ほど前まで海士町にあった、若者の寄り合い所のようなところ。そこでは、人が出会い、明日の海士を熱く語ったといいます。現在海士町は、UIターンで移住する人も増え、顔は知っているけど話はしたことはないという人が増えているようです。その原因のひとつに、ふらっと立ち寄っておしゃべりする場所や、みんなが盛り上がれる場所がないことがありました。

参考文献
『コモンカフェ―人と人とが出会う場のつくりかた』 山納 洋 著（西日本出版社刊）

10人でできることは、チームですぐに始めればいい。何でも行政に頼まず自分たちでできることは自分たちでしよう。キャラクターの顔は提案した人に似せてある。

本編の何ページに掲載されている事業と関連しているのかを示している。別冊に書かれた住民提案によるプロジェクトは24種類。それぞれに提案者の顔を模したしゃもじのキャラクターが描かれている（海士町にはキンニャモニャ踊りというしゃもじを持って舞う民謡がある）。自分の顔に似せて描かれたしゃもじのキャラクターを友人に見せてチームの仲間を増やす人もいるし、「顔が載っちゃったからプロジェクトを実行しなきゃならないな」と覚悟を決める人もいる。

各チームが提案したプロジェクトは人数ごとにまとめた。1人でできることは明日からでもすぐに始めればいい。10人でできることはチームですぐに始めればいい。100人でできることや1000人でできることは行政と協働して進める必要がある。何でも行政に頼むのではなく、自分たちでやり、どうしてもできないところだけを行政と協働する。そんな姿勢をあらわした冊子のデザインにしたいと思ったので、冊子の目次は人数ごとに章立てされている。

イラストで描かれた住民の顔は、写真が掲載されるほど個人を特定しないものの、描かれている本人にしてみればプロジェクトを進めないとマズイなぁと思うくらいの効力を持つ。冊子をデザインするときは、ワークショップに参加した住民に対する効果と参加しなかった住民に対する効果を同時に考えてバランスをとることが多い。参加しなかった人が興味を持って手に取りたくなるようなデザインはどうあるべきか。読んでみて参加したくなるようなデザインとはどんなものか。あるいは、参加していた人たちがプロジェクトを実行したくなるようなデザインとはどんなものか。そんなことを考えながらデザインを何度も検討する。

行政も住民も動き出した

総合計画は議会に諮らねばならない。議員たちはそれが住民参加でつくられたことをよく知っている。だからではないだろうが、議会からの反応はすこぶる良かった。総合計画づくりに参加した住民たちは、町内14集落のそれぞれから出席していたので、集落を回って出身者が計画の内容を説明した。と同時に、各チームが実施しようとしているプロジェクトへの協力を呼びかけた。当然のことながら、町政に対する批判や要望や陳情などは一切出ず、プロジェクトに対するさまざまな協力を確約することができた。これには同行した町長と副町長がたいそう驚いていたという。

役場内には新たに「地域共育課《ちいききょういくか》」が設置され、総合振興計画に基づく各種事業を住民とともに推進する体制が整った。「こども議会」では、小学生が総合計画の別冊をすべて読み込んで町長に質問した。別冊に提案されていることを町長はしっかりサポートしているのか、とこどもたちが問うたのである。

各チームも活動を開始した。ひとチームは、自分たちが提案した「海士人宿《あまじんじゅく》プロジェクト」を推進している。移転した保育園を改装し、Iターン者、Uターン者、地元継続居住者が集い、交流するためのプログラムを実施している。東京とイタリアで料理の修業をした海士町出身の女性がUターンして島にもどり、イタリア料理の店を開くためにまずは海士人宿で一日限定レストランを開業した。地域の若者が集い、バンドが音楽を演奏し、地域の食材でつくったイタリア料理を食べた。集落の年寄りたちもレストランを訪れた。産業チームは、島内で拡大しつつある竹林を整備するため、竹を切って竹炭をつくる「鎮竹林《ちんちくりん》プロジェクト」を開始している。竹炭だけでなく、竹製品などの開発を進めるとともに、活動の内容を随時広報している。暮らしチームは、イベントに高齢者等を誘い出す「お誘い屋さんプロジェクト」を実施しており、2010年には社会福祉協議会が「お誘い屋さん講座」を開催。民生委員や配食サービスに関わるコミュニティなど、地域の高齢者と接することが多い人たちが受講した。今後、お誘い屋さんはますます増える予定だという。環境チームは、「水を大切にプロジェクト」のために専門家と中学生とともに島内の湧水の水質検査を進めている。また、2009年に開催された「全国名水サミット」では会議運営の全般を手伝った。

最近では4つのチームの垣根を越えて新たなチームが誕生しつつある。たとえば環境チームに参加していた人が中心になって立ち上げた物々交換のコミュニティ「もったいない市場」には、計画づくりに参加していなかった新たな仲間が集まり始めている。ひとチームが進めている「海士人宿」には続々と若い仲間が集まっている。何度か一日限定レストランを試みていたUターン者は、いよいよ海士町内に店舗を構えてレストランを開業するという。

コミュニティの力を実感する

ひとチームが海士人宿の活動を始めたころ、チームの中核を担っていた若い女性の癌が発覚した。幸い治療できる時期だったのだが、抗癌剤などの影響もあって気持ちが落ち込む日々が続いたという。「でも、ひとチームが進めているプロジェクトがあったし、一緒に取り組む仲間がいたから、そのことに没頭することによって気持ちが救われることが多かった」と彼女は言う。

環境チームで水の調査をしていた男性は、海士町の環境を調べれば調べるほど物質が循環する社会の大切さを知ることができたという。「特にチーム内のIターン者たちが熱心に調べてくる情報に影響されて、自分でも環境についていろいろ調べるようになった。調べれば調べるほど、自分が携わっている建設業に疑問を感じるようになった。海岸をコンクリートで固めるような仕事をしていていいのだろうか、と」。その頃、公共事業の激減が影響して所属していた建設会社が倒産した。が、男性の顔は思いのほか明るかった。「倒産してくれたおかげで覚悟が決まりました。すぐに仲間3人で新しい会社を立

楽しいプロジェクトと信頼できる仲間。

ち上げたんです」。環境を破壊しながら生きる社会から持続可能な社会へと乗り換えるという意味を込めて、新しい会社の名前は「トランジット」とした。新会社への賛同者は多い。「経営的にはまだまだ厳しいけど、やっていて気持ちがいい仕事を見つけました」と本人は笑う。

総合計画が完成したことも嬉しいが、それ以上に4つの良質なコミュニティが誕生したことが嬉しい。そこに良質な人のつながりが生まれていることが嬉しい。それぞれのコミュニティは楽しそうにプロジェクトを進めている。だからだろう、自然に人が集まっている。ひとチームのプロジェクトに関わる人の数は、発足当初の2倍になっている。住民が楽しみながらプロジェクトを遂行し、それが公益的なメリットとしてその他の住民に還元される。各チームの活動は、結果的に「新しい公共」の役割を担っているのだが、本人たちのモティベーションは楽しいプロジェクトと信頼できる仲間の存在によって高められているに違いない。

とはいえ、主体的にプロジェクトへと参加する人たちばかりではない。島内の14集落には街まで買い物に出かけるのも難しい人たちもいる。２０１０年からは、「集落支援員」や「地域おこし協力隊」制度を活用して、集落の日常的な生活をサポートする仕組みをつくっている。まずは集落を支援するために必要な知識や技術を学ぶ養成講座を実施し、受講生が集落に入って支援を実践するとともに、担当集落で生じた課題を支援員同士で共有しながら解決策を検討することにしたいと考えている。

また、若い人の島外流出を防ぎ、むしろ島外から海士町へ来る若者を増やすために、島にある高校の魅

島内14集落の
生活を支える
ために、やれ
ることはまだ
たくさんある。

力を伝えるためのポスターやウェブのデザインを検討した。２０１１年度の入学希望者は格段に増えたと聞いている。嬉しいことだ。

その他、島内にある福祉施設の作業内容や製品や流通を検討して、作業所に通う人たちの賃金アップを検討したり、海士町全体のコミュニケーションデザインを向上させるためにＣＩを検討している。最近取り組み始めたのは、少子化を背景とした男女の「出会い創出事業」。確かに人と人のつながりを創出するのが僕たちの仕事だが、ここまで来るともう自分が何屋なのか分からなくなってくる。

でも、それでいいとも思っている。

3　こどもが大人の本気を引き出す

笠岡諸島子ども総合振興計画（岡山　2009―）

最初のヒアリングでわかったこと

海士町の総合振興計画をつくる際、最初にやったことは生活者へのヒアリングだった。生活者が感じている島の特長と課題を知るにはヒアリングが一番だ。また、ヒアリングを通じて仲良くなれたら、課題を解決するためのワークショップにその人を誘うこともできる。島の特長や課題を把握すると同時に、生活者との信頼関係をつくることができる点で、プロジェクトを始める際のヒアリングはとても重要だと感じている。

だから岡山県の笠岡諸島で総合振興計画をつくることになったときも、まずはヒアリングから始めることにした。笠岡諸島は7つの有人島で構成されているため、ヒアリングも7つの島を回ることになった。

回ってみてわかったことは、本土に近い離島である笠岡諸島の生活者たちは、ほかの離島に比べて将来に対する危機感がそれほど高くないということだった。島の将来についてはいろいろ不安があるものの、仕事が忙しいのでまちづくりの活動に参加するのは難しいという声が多かったのである。また、島内の人間関係によっては、協力できる人とできない人がいるということがわかった。

　とはいえ人口は減少し続けている。こどもの数は年々減少している。現在でも、7島の小中学生を併せて60人しかいない。小学校の6学年併せても4人しかいない島や、中学校の3学年併せても2人しかいない島もある。将来は島の人口が一気に減少することが明らかだ。にも関わらず、大人たちは行動を起こそうとしない。危機感を持つ人もいるのだが、その人に協力する人としない人が明確に分かれてい

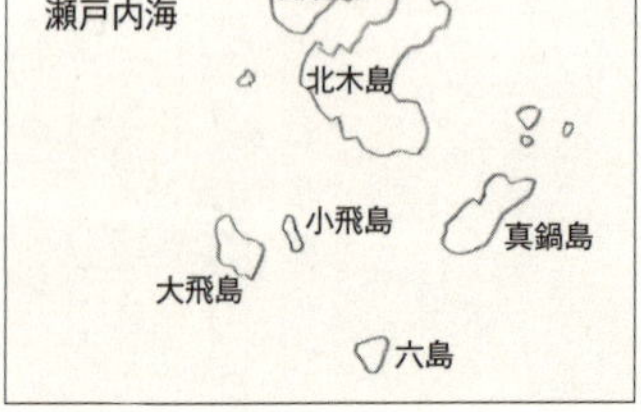

高島、白石島、北木島、大飛島、小飛島、真鍋島、六島で構成

面積	：約15.36㎢
人口	：2429人
世帯数	：1372世帯
高齢化率	：56.5%

笠岡諸島の位置。

るのである。隣の島の人と協力するのが嫌だという人もいる。7島で連携してプロジェクトを進めるのは不可能だという人も多い。

本当にこうした大人たちと一緒に総合振興計画を作るべきなのか。たとえ形だけ計画書ができたとして、この人たちは自分たちが提案した事業を行政と協働して実行する主体になりえるだろうか。忙しいのでワークショップに参加する時間も取れない。島内にどうしても協力できない人がいる。隣の島とは先祖代々争っている。ヒアリングの結果は、住民参加で計画を策定するのに不利な言葉がほとんどだった。海士町のときと違うやり方を発明しなければならないと感じた所以である。

こどもと計画をつくる

大人が「できない理由」ばかり並べるのであれば、

こどもたちと一緒に計画をつくることにした。ワークショップ中の西上さんとこどもたち。

今回はこどもたちと一緒に計画をつくろう、と考えた。離島振興計画は10年計画である。10年後の島をイメージしながら、そのために今後何をしていくべきかを記した計画でなければならない。その計画をこどもたちの目線でつくり、大人たちに実行してもらうよう提案するという構図にしてはどうだろうか。

島には高校が無いため、中学校を卒業したこどもたちの大半は高校へ行くために島を出る。高校3年間、大学4年間、就職して3年間の合計10年は島外で生活することになる。その間、盆と正月には島に戻る。こどもたちは、大人たちが自分たちの提案した事業をちゃんと進めているかどうか10年間チェックし続ける。もし大人が本気にならず、自分たちの提案を実行に移そうとしない場合、こどもたちは一致団結して「島に戻らない!」と宣言してはどうか。こどもが一人も戻らないとすれば、島の人口は確実

笠岡子ども島づくり会議。

にゼロになる。さすがに大人たちもそれは困るだろう。島の将来について真剣に考え始めるのではないか。行動し始めるのではないか。

そこで、7島から小学5年生以上のこども13人を集めてワークショップを開始した。当然、こどもたち同士なら「隣の島とは協力したくない」という話もしないし、会話したくない相手がいるということもない。こどもたちとのワークショップは4回実施した。みんなでひとつのチームになるよういくつかのゲームをやるとともに、島の将来について考えることの意義をこどもたちに伝えた。そのうえで、島の特長と課題を出し合ったり、島のことをより深く知るためのフィールドワークを実施したり、気に入っている場所の写真を撮ってきたりして、10年後の理想的な島の状態について語り合った。また、島の大人に対するインタビューを実施し、こどもが大人の言葉を集めてまとめたり、全国のまちづくり事例をこどもたちと一緒に調べて、自分たちが検討する提案の参考にしたりした。

第1回
島の「魅力」と「悩み」について話し合う

第2回
10年後の島の未来について話し合う

第3回
他地域の事例を参考に笠岡ならではのアイデアを練る

第4回
アイデアを具体化
→各島にひとつずつ、6つの案
① ゴミはお金→飛島
② サークルM→真鍋島
③ 学校をあれこれ使おう→北木島
④ 子ども夏キャンプ→白石島
⑤ 六島限定ツアー→六島
⑥ 何もないを楽しむツアー→高島

第5回
アイデアを大人たちに提案する

5回の会議を経て、大人たちへの提案をまとめた。

笠岡諸島子ども離島振興計画

こうしてまとめたこどもたちの提案は、公民館を活用した特産品販売のコミュニティショップやゴミ拾いを主軸に据えたエコマネーのシステム、廃校になった自分たちの母校を活用するためのさまざまなアイデアなど多岐にわたった。どれも島内をフィールドワークしたり、生活者の話を聞いたりして、島の生活や将来像を考えるなかから出てきたアイデアである。こうしたアイデアを僕たちが行政用語に変換し、何度もこどもたちに内容を確認しながら「子ども笠岡諸島振興計画」を策定した。計画は笠岡市の離島振興計画を策定する際の参考となり、行政的な位置づけを受けることになっている。

計画書の副題は「10年後の笠岡諸島への手紙」。最初のページには「拝啓。10年後、笠岡諸島に暮らすあなたへ」という文章が書いてある。

この文章は、こどもたちの言葉に基づいて書き起こしたものだ。これに続いて、こどもたちが見つけた笠岡諸島の特長と課題、こどもたちが考えた「笠岡諸島を楽しくする6つのアイデア」、それらを行政用語に置き換えた「子どもたちからの笠岡総合振興計画への提案」と

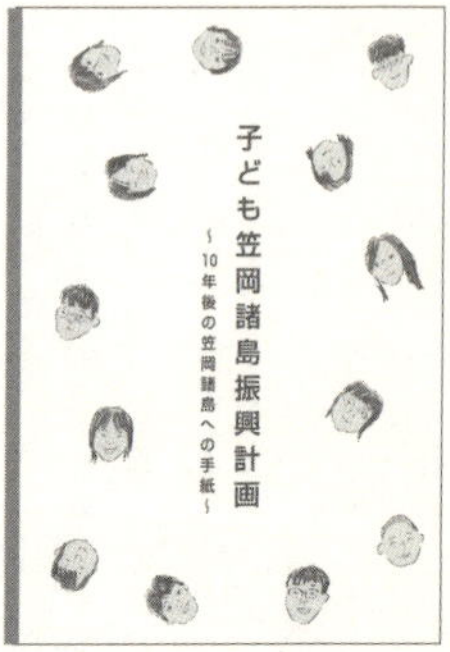

『子ども笠岡諸島振興計画』。

拝啓
10年後、笠岡諸島に暮らすあなたへ

10年後の笠岡諸島には、変わらず美しい海と砂浜がありますか？

10年後、変わらずたくさんの魚はやってきていますか？
10年後、変わらず観光客のひとたちは来てくれていますか？
10年後、変わらずお祭や踊りは受け継がれていますか？
10年後、変わらずお年寄りの元気な笑顔はありますか？
10年後、変わらず静かな夜はありますか？
10年後、私たちの母校はありますか？

10年後、私たちは、どうしたら笠岡諸島が楽しく、
素敵な島になるか考えました。

10年後、私たちが、笠岡諸島に帰ることができますように。

こどもから10年後の大人たちへの手紙。(『子ども笠岡諸島振興計画』より)

続く。冊子には、参加したこどもたちの顔を模したイラストがたくさんレイアウトされている。また、最後にはワークショップのリーダーだった中学生3年生の女子生徒からのメッセージが掲載されている。こうしてまとめた冊子を、ワークショップ終了後に開催される発表会でこどもたちから大人たちへ手渡そうという話になった。

これからの10年、その次の10年

発表会には7島の生活者が70人以上集まった。演劇方式で提案内容を発表したこどもたちは、最後に計画書を大人たちに手渡し、「この計画を実行してくれなかったら、私たちは本当に島に戻らない覚悟です！」と強く大人たちに伝えた。会場に集まった大人たちへの「良質な脅し」だといえよう。この後、大人たちが急に本気になったのは言うまでもない。すでに「廃校活用ワークショップ」と「公民館活用ワークショップ」を実施している。

大人たちが計画を実行しなかったら、こどもたちは本気で島に戻らないつもりだろうか。僕はそう思わない。こどもたちは4回のワーク

笠岡諸島を楽しくする6つのアイデアを演劇方式で発表し、計画書を大人たちへ手渡した。

発表会には 7 島から 70 人以上の大人が集まった。

ショップを通じて自分たちの島の良さを何度も再確認した。大人たちの言葉の中に島の将来に対する不安をいくつも見つけた。同時に、こどもたちへの期待を感じた。高校生になったら島を出て、その後は島外で生活することになるこどもたちは、10年後には島に戻ってきて、次の10年計画の担い手になってくれることだろう。中学生の参加者は言う。「もし大人がこの10年間、私たちの提案に本気で取り組んでくれたら、私たちはそれを引き継いで次の10年計画を実行したいと思う」。

島を愛するこどもたちのために、大人たちが自分たちの役割をしっかり果たすことを願うとともに、僕はそれをできる限り手伝いたいと思う。

Part 4

まだまだ状況は好転させられる

1　ダム建設とコミュニティデザイン

余野川ダムプロジェクト（大阪　2007―2009）

住民の怒り

明らかに住民は怒っていた。怒鳴っている人もいた。怒鳴られているのは国土交通省猪名川《いながわ》総合開発事務所の所長以下職員の人たち。これまで余野川《よのがわ》ダムの建設を進めてきた人たちだ。数週間前に、淀川流域委員会が「余野川ダムの建設は当面実施すべきではない」という結論を出し、国土交通省がこれを受けてダム建設の休止を決めた。休止といってもこのご時世、事実上の中止である。洪水が起きないようにする役割と貯めた水を利用する役割の両方を検討した結果、どちらもこれからの時代にそれほど大きなニーズが見込めないということが休止の理由だった。妥当といえば妥当な判断だったといえよう。

ところが地元としては簡単に納得できない。ダムの建設予定地は田んぼや畑、栗林や里山があった場所

余野川流域。

である。この場所をダム建設のためだということで国に譲渡した経緯がある。用地買収だけでなく、ダムに水を引き込む導水トンネルもほとんど完成している。ダムの堤体もかなり高いところまで立ち上がっている。あとは水を引き込むだけだというところで突然の休止である。簡単には納得できない。自分たちが耕してきた田畑や管理してきた里山を手放したのは何のためだったのか、という想いがある。

住民が怒っている理由はもうひとつある。ダムを建設することで地元に多大な迷惑をかけることから、10年以上前に約束した26項目の事業がある。道路を拡幅すること、地域の川に橋を架けること、自治会館を新しくすること、国道沿いに道の駅を建設することなど、地域振興のためのハード整備が約束されていた。順次、実現に移されていた途中でダム事業が休止となったのである。まだ10項目以上の約束が果たされていない。道の駅もできていない。自治会館の建替えにいたっては、ふたつの自治会のうち、ひとつの自治会館は新しくなったのに別の自治会館は古いままだ。ダム建設が休止になったのは国土交通省側の問題であり、地元との約束は約束として最後まですべてつくってくれ、というのが住民の主張である。

そういわれても困るのは国土交通省である。特に、出先機関である開発事務所では明確な答えが出せない。ダム事業が止まった以上、ダム建設のためのお金は出ない。当然、ダム建設に付随するさまざまな事業に関するお金も出ない。地元との約束があるにも関わらず、建設事業全般をストップさせなければならない事態に陥った。事の次第をいくら説明しても、住民の感情は収まらない。住民は「道の駅部会」「橋部会」「自治会館部会」などを組織して、それぞれの部会長が会合に参加しては、何度も国土交通省の担当者たちに事業続行を迫った。地元の建設事業者たちも事業続行を願っていただろう。ダムや付随する建設事業が突然止まってしまうと、さまざまな人たちの「当てが外れる」ことになる。

いろいろな想いが渦巻き、話し合いの場は大いに荒れていた。事業続行を叫ぶ住民と事業休止の理由を説明する国土交通省。そんな会場を眺めながら「山崎さん、この状況を何とか変えられませんかね」と担当者がつぶやいた。

勝手な仮説

議論は平行線を辿り、お互いに歩み寄る余地がない。対話の場づくりが進められるような状況ではない。別の策を練らなければならないと感じた。会議の議事録を読み込んだり、紛糾する話し合いの場で内容をじっくり聞いているうちに、ひょっとしたら主張している人たち自身も、本当のところはもうダム建設の時代ではないと感じているんじゃないかという考えが浮かんできた。ダムが完成すれば自分たちの地域が潤うということを本気で信じている人たちがこの中に何人いるのだろうか。個人的には時代の流れだから仕方ないと思いつつも、それぞれ部会長としての役割があるから国土交通省を責めているのではないか。だとすればこれほど不幸な関係はない。例えば、会合で役人に怒鳴り散らしていた人も、自宅に戻れば奥さんから「もうダムの時代は終わりでしょ。いくら役人さんを責めても無駄じゃないの？」と言われているんじゃないか。本人も「分かっているけど役割だから仕方ないだろう」と言っているのかもしれない。

そんな、妄想にも似た仮説を立ててみると、僕らが仲良くなるべき対象が見えてきた。地域の奥さんたちである。この人たちと仲良くなって、地域の魅力を本音で話し合い、本当にダムが必要なのか、道路の拡幅や橋の架け替えが必要なのかを検討し、最終的には地域の男性たちが「ダム無しでもいいか」と思えるような雰囲気をつくりだすことができないだろうか。そんなことを考えてみた。

学生チームの結成

地域の奥さんたちと友達になるための専門家が必要だ。学生である。すでに述べたとおり、兵庫県いえしま地域のまちづくりは学生たちが地域に入っておばちゃんたちの仲良くなることで発展していった。「探られる島」は既に3年目を迎えており、毎年全国の学生が島を訪れてはフィールドワ

地域の奥さんたち。

「探られる里」プロジェクトのミッションを背負った学生チーム。

ークを実施し、その過程で地域の人たちと仲良くなっていた。この手法を応用して、学生たちを組織してダム周辺地域をフィールドワークしつつ、地域の住民とどんどん友達になる。「探られる島」プロジェクトに続く「探られる里」プロジェクトを実施することにした。

ただし、今回のミッションは結構ハードルが高い。触れてはいけないポイントがたくさんあるし、短時間で地域の奥さんたちと友達にならなければならない。そこで、studio-Lのプロジェクトに参加している学生のなかでも、飛びぬけてコミュニケーション能力の高い学生を11人集めた。サッカーのチームと同じ人数にした明確な理由はないが、今回のプロジェクトは明らかにチーム戦だと感じていたのは事実である。別々の大学から集められた学生たちにダム事業の詳細を伝え、今回のミッションを伝えた。フィールドワークによって地域資源をたくさん発掘するとともに、地域の人的資源（つまり奥さんたち）を見つけてはどんどん友達になること。友達になった奥さんたちと何度も会う機会をつくり、さらにたくさんの奥さんたちと知り合いになること。こうやって奥さんネットワークを広げて、地域の良さを語り合ったり、地域の将来について語り合ったりするなかで、ダム事業や付随する事業が本当に必要なのかを考えるきっかけを生み出すこと。そして、こうした奥さんたちの旦那さんたちにも参加してもらい、最終的には地域のみんなと仲良くなること。そんな目標を設定した。

地域で起きている課題に直接関わることになると、学生は大学で見せる顔とは全然違う表情になる。真剣そのものである。どれだけ重要なプロジェクトに関わろうとしているのかが瞬時に理解できるらしい。

11人は、何度も何度もミーティングを開いて作戦を練った。ダムの跡地を有効に利用する方法をどうやって住民に伝えるか、生物が多様であることの価値をどう理解してもらうか、地域活性化の目的がお金儲けではないことをどう説明すればいいのか。理論的な話は誰が担当するのか、かわいい絵を描くのは誰が得意か、怖い人が出てきた場合は誰が泣き出すことにするか。チームの中での役割分担を繰り返し確認しあった。

学生チームに満場の拍手

初めて現地に入ってフィールドワークした日、学生たちは相当緊張していたはずだ。しかし、その笑顔は一流だった。地域を歩き回り、出会った人たちに明るく挨拶し、集会所やNPOが活動している場所を見つけては話を聞かせてもらい、地域で農作業している人たちから作物を分けてもらった。自宅の庭先でコーヒーやお菓子を振舞ってもらったり、柿や手づくりのゆずジャムをお土産にもらったりした。自分たちが発見した地域の魅力を住民に伝え、住民からさらに魅力的な場所があることを教えてもらい、またそれを探りに出かける。地域の旅館に泊まってフィールドワークを続

学生がまとめた冊子「みきき」の表紙。

Q

せりふ

まちあるき中に、里山の風景の中にいくつものメッセージを見つけました。もしかしたら止々呂美からのメッセージかもしれません。

いもほり。誰がどう見ても、いもほり。

「安全第一」の反対って…

となりの“バーベキュー場”

敷石に利用される橋の石碑

ピュアな瞳に思わずふりカエル

怪しすぎる「秘密の桃」の看板

どれかに当たりがあるのかも…

Q

たてもの

止々呂美で目にした数々の建物。有名建築ではないけれど、止々呂美の生活感が伝わる素敵な建物がたくさんありました。

山中に残る力強い表情の鉄水車

力の流れがよく分かるのお堂

心地良さそうな木陰の建築

風景によく溶け込んだ小屋

二重の屋根は排煙用の工夫

まるで生き物のような炭焼き窯

建物じゃないけれど…

学生が見つけた地域資源をまとめた「みきき」の内容。

け、多くの人と友達になった。

フィールドワークを終えた学生たちは、撮影した写真や聞いた話をまとめて『みきき：ぼくたちが地域で見たり聞いたりしたこと』という冊子をつくった。また、地域の魅力をまとめた地図をつくった。そして、友達になった人たちに報告会の招待状を送り、「僕たちが見つけた地域の魅力をみなさんに報告します。ぜひ、お友達と一緒に会場までお越しください」と誘った。

報告会には、奥さんたちだけでなく、こどもや旦那さんたちも参加してくれた。そのなかには、何人かの部会長の姿もあった。学生たちは徹夜でつくった冊子と地図を配布し、自分たちが地域をフィールドワークして珍しいと思ったものや面白いと感じたことなどを発表した。集落内部にいるとなかなか気づかない地域の魅力を、外部から来た学生たちが整理して分かりやすく説明したことによって、報告会に参加した人たちは自分たちの地域が持つ可能性を改めて実感していたようだった。学生の報告が終わると、会場に集まった大人たちから満場の拍手が沸き起こった。緊張の糸が切れた学生のうち何人かはその場で泣いていた。

報告会には、奥さんたち、旦那さん、こどもたちが集まってくれた。

調停のコミュニティデザイン

報告会をきっかけにして、地域の住民たちとさらに仲良くなった学生たちは、その後も継続して地域へと足を運んだ。正月には「餅つきをするから遊びにおいで」と誘われ、春になると花見に誘われるようになった。学生チームと地域住民とが本音で地域の将来について話し合えるようになった頃、これまで現れなかった新たな主体が顔を出した。大阪府である。

大阪府は、余野川ダムが完成することを見越して「水と緑の健康都市」というニュータウンを建設していた。ダムの完成と同時にまちびらきするつもりで進めてきた事業だったが、ダムが休止になったことで「水と緑」のうちの「緑」しか残らなくなった。急遽、まちの名前を変更して「箕面森町《みのおしんまち》」としてまちびらきしたのである。ニュータウンを孤立させないように周辺地域とのつながりをつくりたいと考えていたものの、とにかく周辺住民はダム休止に怒っている。国土交通省と住民との間に入るのは得策ではないと考えていたのかもしれない。国土交通省が何度呼びかけても、紛糾する会議の場にはついぞ姿を現さなかった。

その大阪府から、地元住民と仲良くなりつつある僕たちに連絡があった。ダムが止まったことについては大阪府としても迷惑している。しかし、まちびらきして新住民が生活を始めつつある今、いよいよ周辺で昔から生活している人たちと協力して、相互にとってメリットのある協働を進めたいと考えている。ついては、周辺のコミュニティと仲がいいstudio-Lに新しい居住者と元からの居住者との間に入ってもらい、橋渡し役を担って欲しいという。

その頃、僕たちは国土交通省からダム予定地の活用方法を検討するよう頼まれており、建設コンサルタントと協働して予定地のマネジメント計画を策定していた。そこで、ダム予定地に市民農園やレクリエーション施設をつくり、ニュータウンに引っ越してきた新住民が自分たちの庭として使える場所を生み出し、農作業の講師として元の住民がそこに関わるという構図を描いてみた。元々は自分たちの田畑だった場所なので、元の住民たちも場所の特性をよく理解している。都市から引っ越してきた新住民たちに農作業を教えることによって、若干だが収入を得ることもできる。何よりも、新旧住民がその場所でお互いのことを知ることができるのがいい。ダム予定地はきっといつまでも予定地のままだろう。公園でもなければ農地でもない。だからこそ、公園でも農地でもできないことができる可能性がある。農地を新住民に安く貸し、賃料から講師代を捻出し、新旧住民が交流する機会を生み出す。ニュータウンに薪ストーブを導入し、燃料となる薪を予定地の里山から集めることもできる。そんな計画を立てて大阪府と国土交通省に提案した。

その後、僕たちは地元に新しく誕生したNPO法人「とどろみの森クラ

新旧住民の交流。

ブ」と協働してダム予定地に農地を再生したり、里山の木を伐採して炭焼きの実験を行ったりした。ニュータウンの新住民に参加してもらってダム予定地でイベントを行ったり、元の住民から農作業についての知見を聞きだしたりして、新旧住民とＮＰＯとの連携体制を構築した。

つながりは修復できる

国土交通省、地元住民、大阪府、そして基礎自治体である箕面市、ＮＰＯなどの関係性が改善した結果、関係主体が一堂に介するワークショップを実施することできるようになった。これまでは意見も立場も違っていた各主体が集まり、ワークショップを3回行い、相互に連携して地域の価値を高めるために何ができるかを検討した。ワークショップのファシリテーションを担当しながら、それぞれの主体が自分たちにできることを積極的に提案する姿に何度も感動した。

意見が激しく対立しているときに、両者の間に入ってつながりをつくりだすのは難しい。直接つながりをつくりだすべきではない場合もある。そんなときは別のつながりをつくりだし、それを丁寧に醸成することによって元の対立構造を緩和するという方法がある。余野川ダム周辺地域の場合、ダム建設を巡る議論とは別に、学生と地域の奥さんたちによる新しいコミュニティを生み出し、そこで生み出される新しい意見を徐々に広げていった。その結果、ダム建設を続行するよう訴えていた人たちともつながるようになり、国土交通省や大阪府とのつながりを生み出すに至った。

つながりは修復できる。

このプロセスで学生がかなり活躍している。学生は、本人たちが気づいていない強力な力を持っている。中立な存在を保つ力である。ダム建設による利害とは関係なく、本当にいいと思うことを素直にいいと言える中立な立場としての学生は、地域の人たちとの信頼関係を築きやすい。この中立さと純粋さが、地域の人たちに本来大切にすべきものやことを思い出させるのだろう。

つながりを構築する手順としては、いっけん遠回りをしているように感じるかもしれない。が、目の前の相手と関係性を構築するのが困難な場合は、いちど回り道をする時間が必要だ。当事者以外の意見を聞き、冷静に判断をしてみると、次へ進む道筋がはっきり見えてくることもある。

あの時、ダム建設続行を激しく主張していた住民たちが、本音では「もうダムの時代ではない」と思っていたのかどうかは未だに分からない。

2　高層マンション建設とコミュニティデザイン

マンション建設プロジェクト（2010）

難しいワークショップ

　ある日、マンション開発会社の会議室でワークショップに関する相談を受けた。内容はおおむねこんな感じだ。とある敷地に高層マンションを建設するという。公開空地を広くとってマンション住民や周辺住民が利用できる緑豊かな共用の庭をつくりたいが、専門家だけでデザインを決めるのではなく、ワークショップ方式で近隣住民の意見を聴きながら設計を進めたい。ついては、庭のデザインを決めるワークショップを手伝ってほしい。ただし、近隣住民のなかには、今回の高層マンション建設に反対している人もいる。「そんな状況のなかでワークショップをするのは難しいでしょうか」と担当者が言った。

　新築の高層マンションを建設する場合、そのデザインを話し合うためのワークショップを開催するのは難しい。将来その場所に住むであろう人がまだ決まっていないからだ。できることといえば、既に周辺に住んでいる人たちの意見を聴きながらデザインについて話し合うことくらいだろう。ところが、今回の場合は近隣にマンション建設に反対している人たちがいる。建設を容認している人たちとしても、反対している近隣住民がいる以上、マンション開発会社が主催するワークショップに喜んで参加するわけにはいかない。確かに難しいワークショップになりそうだった。

反対派との顔合わせ

相談された僕としても複雑な気持ちである。マンション開発会社もしかるべき手続きを踏んで建設を進めてきた。制度上は無理な進め方ではない。反対する住民の気持ちも分かる。これまでは見晴らしが良かった場所に高層マンションが建つことになるのは耐えられないだろう。遠くの景色を見渡すことのできる立地を買ったんだという人もいるはずだ。そこに壁のようにマンションが建つことになる。穏やかならぬ気持ちになるのも当然といえば当然だ。しかし、周辺に住む人全員が反対しているわけではない。容認している人もいる。マンション建設会社としては、少しでも周辺住民と対話しながらデザインを検討したいと考えている。真摯な態度だ。話を聞けば聞くほど、マンション開発会社にも近隣住民にも無理はないことが分かる。しかし、両者が出会うところに無理が生まれている。これは不幸な出会いである。

マンション開発会社からの依頼を断ることもできた。しかし、僕が断ったところでマンションの建設は進む。制度上は問題ないマンション建設なのだ。どうせ建設が進むのであれば、周辺住民とマンション開発会社がお互いに少しでも納得できる点を見つけながら進めるほうがいいはずだ。何より、新しく出来上がるマンションに入居するであろう未来の地域住民たちが、招かれざる住民としての疎外感を持たされるのは避けたい。僕が関わることで少しでも状況が好転するのであれば、近隣住民から怒鳴りつけられようとも対話の場をつくる必要があると考えた。

ワークショップの説明会には、建設に反対している人から容認している人まで、さまざまな立場の人たちが集まった。当然、さまざまな意見が出る。僕は自分が考えていることをそのまま伝えた。「みなさんが反対してもマンションは建ちます。どうせ建つのなら、みなさんにとって少しでも有利な条件でマンション建設が進められるようにすべきだと思います。その条件がマンション側の魅力向上につながれば、開発会社にとってもプラスの結果をもたらします。そのための話し合いの進行役を務めたいと思っています」。

こうしたやりとりをしながら集まった人たちの意見をじっくり聞いていると、話し合いに応じてもらえそうなテーマが少しずつ見えてきた。建設に反対している人たちがいる以上、集まった人たちはマンションの色も形も高さも気に入らないようで、建物の話に関しては何を言っても反対だ。一方、共用の庭（公開空地）についてはあまり文句が出てこない。共用の庭がどんな場所になればいいのかを話し合うワークショップでなら対話できるのではないか。そう考えた。そこで、「共用の庭がみなさんの生活の質を向上させるデザインになるように話し合いませんか。地域に貢献する庭ができあがれば、それが結果的にマンションにとっての価値にもつながります。そして将来入居する新しい住民の方々のメリットにもつながります」と呼びかけた。

数日後、「マンション建設に反対する立場は変えない」という条件付きで、周辺住民からワークショップへの参加を認める返事があった。

共用の庭を考えるワークショップ

共用の庭に関するワークショップは、周辺のマンション居住者を対象に3回行った。1回目は周辺地域の特長と課題を出し合った。特長としては、緑が多い、せせらぎのネットワークがある、施設が整っているなどが挙がった。一方、課題としては、通過交通が多い、高齢者の憩いの場所が少ない、そして何より高層マンションが建設されることなどが挙がった。続いて、こうした特長を活かしつつ課題を克服するために、計画地の共用の庭がどんな場所になればいいかを話し合った。その結果、緑が豊かで、せせらぎをつなぎ、こどもから高齢者までが憩える場になることが希望であることが分かった。

住民とともに考えるワークショップでも、デザイナーの思考と同じ手順を踏むことが重要である。設計を進める際に僕たちがやるように、まずは周辺地域も含めた特長と課題を整理すること。それらを踏まえて計画地の設計方針を決めること。こうした手順を踏んで進めれば、住民からの意見が突拍子も無いものになることはほとんどない。

2回目は共用の庭でどんなことをしてみたいかについて話し合った。共用の庭を白く抜いた平面図を用意して、どこで、誰と、何をしたいのかを挙げてもらった。また、それはどの季節の、どの時間帯にやりたいことなのかを付け加えてもらった。その結果、散歩やジョギング、花見、園芸活動、読書、こどもの遊び、高齢者の健康づくりなどのアクティビティが挙げられた。

空間のデザインについてのワークショップを進める場合、「どんな空間がいいですか」「何が欲しいですか」とは尋ねないほうがいい。挙がってくるのはどうしてもありきたりな空間のイメージであり、汎用性がなく、すぐに陳腐化してしまうような既存のイメージばかりになる。空間のデザインについては専門家に任せたほうがいい。専門家がデザインのよりどころにするための要素、つまりアクティビティやプログラムを住民から聞きだすことが重要である。住民から挙がってきたアクティビティやプログラムを適切にまとめて専門家に渡せば、専門家はそれを美しく空間に定着させてくれるものである。こうして、第2回のワークショップで出た意見をまとめてランドスケープデザイナーに手渡した。

3回目はデザイナーが共用の庭のデザインを発表した。発表に先立って、1回目と2回目の意見を整理し、集まった人たちにこれまでの経緯を思い出してもらった。そのうえで、自分たちの意見をまとめたアクティビティマップやプログラムマップを見ながら、デザイナーから提案される共用の庭のデザインを聞いた。周辺の緑からつながる林の空間、水の流れ、広場や市民農園などが配置された空間のイメージを確認し、理想的な庭ができあがることを喜んだ。

空間のデザインとコミュニティのデザイン

空間のデザインは重要である。ワークショップで人々の意見をまとめ、マンション開発会社と周辺住民とのつながりを生み出しかけたとき、提示される空間のデザインが貧弱だと参加者は落胆する。夢がしぼむ。マンション開発会社が本気ではないと感じる。裏切られたと感じる人も出てくるだろう。ところが今回は非常に優れたデザインが提示された。人々が求めていたアクティビティやプログラムをすべて包含しつつ、全体として美しい風景をつくりだしていた。

参加者のひとりが手を挙げた。近隣のマンションの低層部に住む人である。当初、共用の庭の南側にある常緑の高木を残して、目障りな高層マンションが見えないようにしろと主張していた人だ。高木の下にはフェンスを巡らせて、新しいマンションとは絶対に行き来ができないようにしろとも主張していた。その人がこう言ったのである。「こんなにいい庭ができるのであれば、我々も積極的に利用したい。イベントを企画してもいい。そのためには、南側のフェンスにいくつか出入り口をつけたほうがいいかもしれない」。賛同した周辺住民から拍手が起こった。それに応じるように、マンション開発会社から「周辺住民の人たちと一緒に行うイベントのために費用を積み立てることを検討したい」という提案があった。

現在、マンションは建設中である。先日、マンションの担当者から連絡があって、その後の経緯を聞いた。近隣の住民の一部は最後までマンション建設に反対していたそうだ。しかし、その態度はかなり変わったという。対話のテーブルに着いて、自分たちの意見を伝え、開発側の話も聞くようになったらしい。嬉しい知らせだった。共用の庭については、デザイナーと協議しながら、できる限りワークショップの結果をそのまま実現できるように工夫しているという。「完成した共用の庭が、新住民と周辺住民がともに楽しむことのできる美しい空間になることを期待していますよ」と伝えると、担当者は「がんばります」と答えた。

将来マンションに住む人たちが、近隣の住民から温かく迎え入れられることを願う。

Part 5

モノやお金に価値を見出せない時代に何を求めるのか

1　使う人自身がつくる公園

泉佐野丘陵緑地（大阪　２００７―）

使うことでつくられる公園

公園をつくる前に運営計画をつくる機会に恵まれた。運営計画をつくり、市民の参加方法を決め、その内容に応じて公園を設計するという。こういう手順だと「使い方」と「つくりかた」の関係を刷新することができる。例えば、公園の入り口付近はしっかり整備しつつ、奥のほうは住民が手づくりで整備していくという「使いながらつくる公園」が誕生するかもしれない。

運営計画をつくる人はプロポーザルで決めるという。さっそく応募して、市民参加型パークマネジメントのあり方と、使いながらつくる公園のあり方を提案した。その結果、泉佐野丘陵緑地の運営計画は僕たちがつくることになった。

泉佐野丘陵緑地は大阪府の南部に位置する府営公園で、関西国際空港の陸地側の丘陵地帯に整備が予定されている。もともと工業団地が建設される予定が中止になり、跡地利用がいろいろ検討された結果、府営公園として整備することが決まった土地だった。現在でも公園予定地はこれまでどおり里山として残されている。しかし、長い計画検討の間、ほとんど手入れしてこなかったので、すでに里山としてはかなり荒れた状態だ。

この公園の運営計画をつくるにあたっては、兵庫県立有馬富士公園のように既存のコミュニティを外部から呼び込んでさまざまなプログラムを実施してもらう前に、公園独自のコミュニティをつくり、そのコミュニティが公園の一部を自らの手でつくっていく、ということを提案した。既存のコミュニティをいくら探しても、公園を自らの手

泉佐野丘陵緑地の予定地。

でつくっているコミュニティをいくつも見つけるのは困難だからだ。既存のコミュニティが無いなら新しくつくるしかない。このコミュニティのことをパークレンジャーと呼んだ。パークレンジャーが公園予定地の荒れた里山に入り、気に入った場所を活動しやすい空間へと改変し、そこで自分たちがやりたかった活動を展開するというものである。森の音楽会をやりたい人たちはそれができるスペースを自らの手でつくりだす。昆虫観察会をやりたい人たちは生物多様度の高い林床《りんしょう》を目指して木を間伐する。このように、パークレンジャーが公園予定地のなかに入って活動するとともに、公園の入口付近はユニバーサルデザインによって誰もが楽しめるような空間整備を進める。こうして公園の入口部分の整備が完了し、活動の核となるパークレンジャーチームが育った後で、公園周

みんなで公園をつくろう！

辺で活動するさまざまな活動団体に有馬富士公園と同じく公園でプログラムを実施してもらう、という手順を考えた。[*1]

公園に生まれた新しいコミュニティ

荒れた里山に入り込んで、園路をつくったり遊び場をつくったり劇場をつくったりするのがパークレンジャーである。彼らは、荒れた里山をどのような里山にしていけばいいのかを勉強する必要がある。また、適切なチームビルディングを行う必要がある。さらに、プログラムを立案して、準備し、実行し、反省点を次のプログラムに活かすなどの企画立案能力も求められる。こうしたスキルを身につけるため、パークレンジャー養成講座を実施した。定員40名で募集したところ、応募者多数につき抽選して受講生を決めた。

第1回 公園のテーマ、理念を共有しよう!
第2回 公園を探索しよう!
第3回 みんなで森を育てよう!
第4回 みんなで森を調べよう!
第5回 みんなで花を育てよう!
第6回 地域の景観・歴史・文化を学ぼう!
第7回 活動をみんなに伝えよう!
第8回 循環環境を学ぼう!
第9回 活動計画の方法を学ぼう!
第10回 今後の活動を考えよう! その1
第11回 今後の活動を考えよう! その2
パークレンジャー養成講座 修了式

パークレンジャー養成講座(全11回)。

養成講座は全11回であり、まずは当該公園のテーマや理念を共有し、現地を見学し、間伐などの作業を体験する。さらに里山を調査し、花を育て、地域の景観や歴史や文化を学ぶ。そして、自分たちの活動を広く伝えるためのグラフィックデザインを学んだり、循環の環境を学んだり、プログラムの企画立案方法を学ぶ。その後、実際に活動してみて、その反省点などを計画に反映させるというプロセスを体験し、養成講座を修了する。全11回の講座は欠席が認められず、万が一欠席する場合は次の回が終了した後で前の回の録画映像を見る補講を受講することになる。

自己組織化するパークレンジャーたち

２００９年度に第１期生、２０１０年度に第２期生が養成講座を受講し、それぞれ21名、27名が修了した。講座を修了した受講生たちはパーククラブというコミュニティを立ち上げ、各人の役割を決めて活動を開始している。公園を自らつくり、そこで来園者を楽しませるプログラムを実施するというコミュニティの性格上、力仕事などが多く、パーククラブの構成員は圧倒的に男性が多い。特に、定年退職後のリタイア層が多くを占め、里山のなかに入っては伐採したり園路をつくったりして楽しんでいる。

また、月に一度はパーククラブの会議を行い、活動を報告しあったり、今後の活動内容を検討したり、パーククラブの会則を検討したりしている。現地での活動は月に3回程度であり、公園予定地の園路づくりや動植物の調査、草刈や竹林の伐採、イベントの準備と運営などを行っている。

公園予定地で活動するパークレンジャーたち。

パークラブの構成は、中核にパークレンジャーが存在し、レンジャーの中でもマネジメント能力に長けた人たちが構成するパークマネージャーを選び出し、パーククラブ全体の活動を企画する組織とする。一方、パークレンジャーほど頻繁に活動できないという人はパークサポーターとしてレンジャーの活動を支援し、プログラムが行われる際は積極的に参加したり広報を手伝ったりする。パークサポーターは養成講座を受講していない人たちでも気軽にメンバーとして活動できるという仕組みだ。

自立した運営が可能に

２００７年からこうした仕組みを検討し始めたところ、大阪府知事が変わったこともあって公園の運営計画立案に予算がつかないこととなった。パークレンジャー養成講座が実施できないという状態になったわけだが、何とか実施できるよう関係書類をまとめ、大阪府の担当者がその資料を持って走り回り、活動をサポートしてくれる主体を見つけ出してくれた。りそな銀行やヤンマー

泉佐野丘陵緑地パーククラブ

パーククラブの構成

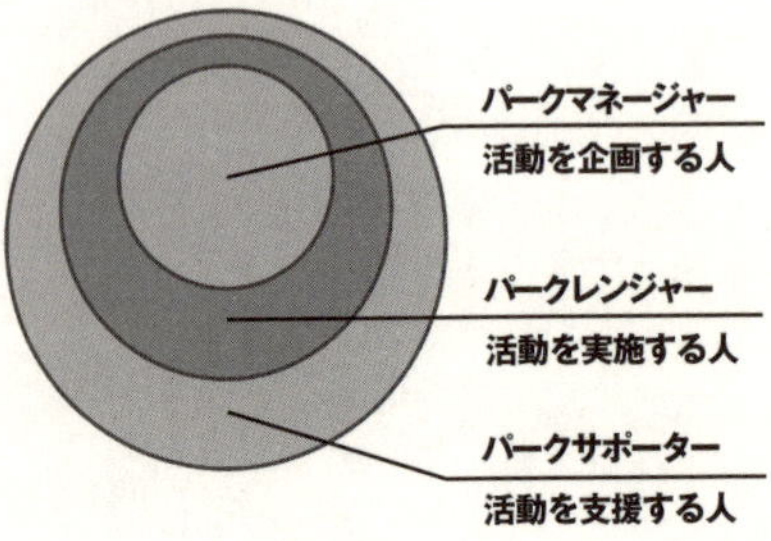

株式会社、大林組など、関西の企業54社によって形成される「大輪会」という企業グループが、複数の企業によるCSR活動として泉佐野丘陵緑地の公園づくりに協力してくれることになったのである。その結果、10年間で2億円相当の支援が得られたため、パークレンジャー養成講座を10年に渡って継続的に実施することが可能になった。

パークラブは、大輪会に所属する企業の社員を対象にした園内の観察会も実施している。公園内の見どころを解説したり、普段の活動を紹介したり、水辺でのハンモック体験や椅子や机を設置したりと、企業の社員とともに公園づくりを進めている。また、予定地内の樹木に樹名板を設置したり、周辺住民を集めて予定地内を案内した

企業支援

企業グループ大輪会による支援

泉佐野丘陵緑地の緑地づくりに賛同いただいた企業グループ。
ヤンマー株式会社、りそな銀行、大林組など54社で組織される。

・平成20年から10年にわたり、総額2億円相当の支援

↓

- **パークレンジャー養成講座の開催**
- **ボランティア活動用の草刈機**
- **バックホウ、キャリア、バイオトイレ**
- **倉庫、花の種苗、育苗温室等**

バイオトイレ　バックホウ　チッパー　パークレンジャーユニフォーム

大輪会の企業支援による活動。

り、参加者への質問に対応したりもしている。

ソフトを充実させながらハードを整備する

公共空間をつくることと、その空間をつかうこととの関係性を変化させれば、これまでとは違った空間整備の方法が浮かび上がってくる。例えば、公園のハード整備を従来の2割に留め、残りの8割はソフトによって使いながらつくっていくという方法。これまでのように、10億円かけて公園を整備して、以後毎年2000万円ずつ使って管理していくというモデルではなく、ハード整備を2億円に留めつつ、コーディネーターの人件費も含めて毎年3000万円の管理費を10年間つかったほうがトータルのコストは安くなる。そのうえ、公園運営に関わる人が増え、コミュニティが誕生し、来園者を迎え入れる主体が形成されることになる。以後の管理費を下げることになる公園の清掃や維持管理活動に携わる主体が誕生すると考えることもできる。

こうした新しい公共空間のつくり方やつかい方においては、コーディネーターの存在が重要になる。有馬富士公園でも重要な役割を担っているコ

支援企業の社員とともに進める公園づくり。

ーディネーターが、新たなパークレンジャーを養成したり、パーククラブをマネジメントしたり、公園づくり活動を促進したりする。
ランドスケープデザインが、公園をデザインすることだけに注力するのではなく、公園を整備しつつ運営する主体となるコミュニティをデザインするようになると、公園の整備と運営のあり方が大きく変わるだろう。コミュニティによって公園をつくるだけでなく、できあがった公園をマネジメントする担い手をデザインしていることにもなる。

公共的な事業における「行政参加」の重要性

同じような考え方で京都府立木津川右岸運動公園の運営計画についても検討している。土砂採掘場の跡地を緑化しながら公園に変えていくというプロジェクトだが、こちらは行政の意思決定が常に後手に回ってし

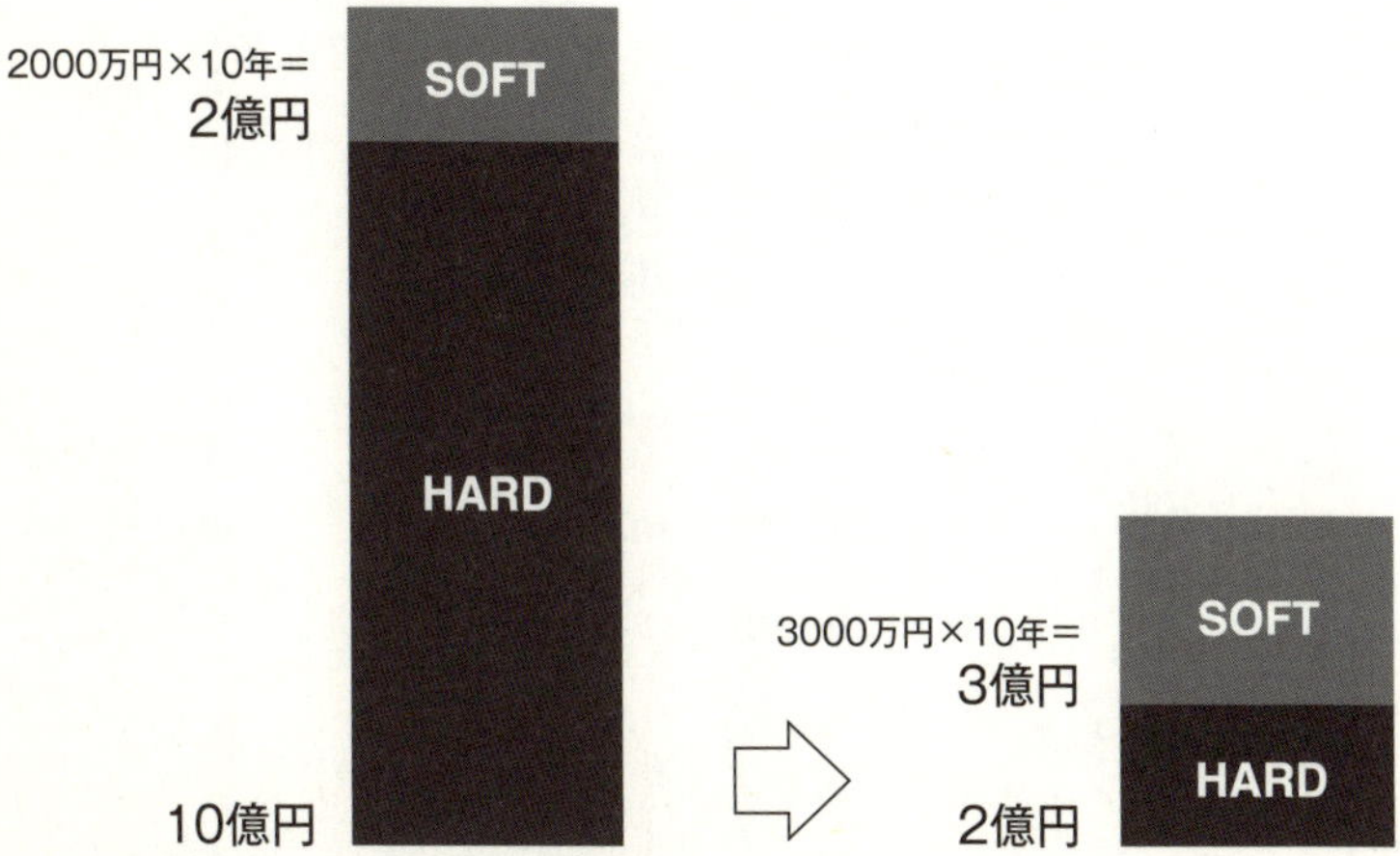

公園へのお金のかけ方もこれまでとは違う。

まいなかなか進まない。

この30年間で、公共的な事業に対する住民参加の手法はかなり開発されてきたように思う。にも関わらず、行政側の態度はほとんど変わっていないことが気になる。公共的な事業に対する住民参加を求めるのであれば、行政参加の手法についても検討する必要があるだろう。

今後は、公共的な事業はすべて行政が行うものだという認識を改めて、できる限り住民と行政が協働して進めるものだと考えるべきだ。そのとき、住民参加の手法に負けないくらいの行政参加の手法を開発しなければ、行政はプロジェクト全体にマイナスの影響を与えるような意思決定ばかりしてしまう。明治以来の「官が民を指導する」という考え方を続けていては、公共的な事業における住民参加に比べて行政参加がはるかに遅れてしまいかねない。この遅れが住民参加のプロジェクトを停滞させている例が多く、結果的に効率的な行政運営を阻害していることになっている。行政の意識改革と、それを後押しするような評価システムの開発が必要だろう。

＊1　この計画は、工業団地の跡地を公園へと変えた時期からずっと大学時代の恩師である増田昇先生が関わっていた。僕たちがパークマネジメントの計画を策定する際も、増田先生がパークレンジャーの組織化やハード整備とソフト運営との関係性などについてアドバイスしてくれた。また、開園に先駆けて運営会議を立ち上げ、増田先生をはじめ運営委員の方々にもさまざまなアドバイスをいただきながら事業を進めている。

2　まちにとってなくてはならないデパート

マルヤガーデンズ（鹿児島　２０１０―）

テナントとコミュニティとお客さんとまちをつなげるデパート

２０１０年４月、鹿児島市の中心市街地、天文館地区にマルヤガーデンズという商業施設がオープンした。地上９階、地下１階の10層のフロアには、ファッション、コスメ、雑貨、書籍、飲食など約80の店舗が並んでいる。そんな店舗群に混じって、各階に設置された「ガーデン」と呼ばれるオープンスペースで20種類のコミュニティプログラムが開催された。実施しているのは地域のＮＰＯやサークル団体。アーティストの作品展、写真展、トークショー、地産地消型の料理教室、不登校児童が育てた野菜の販売、陶芸体験、コミュニティシネマ、雑貨づくり、外遊び紹介など、マルヤガーデンズの周辺地区で活動する各種コミュニティがさまざまなプログラムを実施したのだ。

マルヤガーデンズは10の集会所的空間を抱え込んだ商業施設だ。周囲で活動するコミュニティがマルヤガーデンズのなかで公益的なプログラムを実施する。テナントとコミュニティが協働して新しいプログラムを生み出すこともある。こうしたプログラムはイベント会社が実施する販売促進イベントとは違う。プログラムを実施しているコミュニティは来館者と知り合いである場合が多いし、継続的にプログラムを実施する主体になることも多い。その結果、「店員」と「客」という2つに分かれた立場が並存する場所ではなく、「店員」と「市民団体」と「その知人」と「客」という多様な主体が混在する場所が生まれる。

天文館地区と丸屋の歴史

天文館地区は鹿児島市の中心市街地であり、商店

2010年4月、鹿児島市にオープンしたデパート、マルヤガーデンズにはコミュニティが活動できるスペース「ガーデン」が各階に設置されている。

街と繁華街が隣接した歓楽街だ。江戸時代に島津家が天体観測のための天文館を建設したことが地区名の由来だといわれている。中心市街地として多くの店舗が集積し始めたのは明治期、大正から昭和にかけて20の商店街とデパート、ホテルや飲食店が集積していった。状況が変わってきたのは２００４年頃。九州新幹線の終着駅として鹿児島中央駅が完成し、その周辺に大型ショッピングセンターやホテルが集積し始めたのだ。また、郊外型の大型ショッピングセンターが建設されたことやインターネットショッピングの普及もあって、天文館地区を訪れる人の数が年々減少していた。

丸屋の歴史は、このような天文館地区の歴史に寄り沿っている。天文館地区に店舗が集積し始めた明治期（１８９２年）に呉服店「丸屋」を開業。１９３６年には「丸屋呉服店」に改称。１９６１年には「丸屋デパート」をオープンさせ、１９８３年に三越と業務提携して「鹿児島三越」となる。ところが２００９年に三越が鹿児島店を閉店させることを決める。丸屋の社長は、５代目の玉川惠さんになったばかりのことだった。

2009年三越閉店

2010年マルヤガーデンズ誕生

天文館地区の歴史に寄り添ってきた丸屋を、地域に求められるデパートに。

そのときの玉川さんには選択肢がいくつかあった。10層のフロアをすべて別のデパートに貸すこと。しかしこのご時勢、撤退するデパートはあっても、建物を借りて新しいデパートを開店させようとする相手はほとんど見つからない。もうひとつの選択肢は建物や土地を売却してしまうこと。そうすればきっと、土地を買い取った事業者は建物を解体して跡地に超高層マンションを建てるだろう。しかし玉川さんは言う。「呉服店のころから天文館地区のみなさんに育ててもらったのが丸屋。鹿児島の中心市街地である天文館地区からデパートを無くすわけにはいかない。もう一度、丸屋デパートを開業して地域に恩返ししたい」。時代背景を考えれば、最も困難な道を選んだといえよう。

玉川さんの選択

玉川社長が丸屋デパートを再開するにあたって、最初に声をかけたのが建築家集団「みかんぐみ」の竹内昌義さんだった。三越が使っていた建物を新しいデパートへと改装するための設計を依頼したのである。その竹内さんが玉川社長に紹介したのが「D&DEPARTMENT PROJECT」というセレクトショップを主宰するナガオカケンメイさん。ナガオカさんと僕との出会いは雑誌『ランドスケープデザイン』での対談と、後述する「土祭」プロジェクト。そのナガオカさんが新しくオープンするデパート全体のアートディレクションを担当することになり、コミュニティデザイナーとして僕がプロジェクトチームに加わることとなった。オープン4ヶ月前のことである。ちょうどこのころ、新しくオープンするデパートの名称が「マル

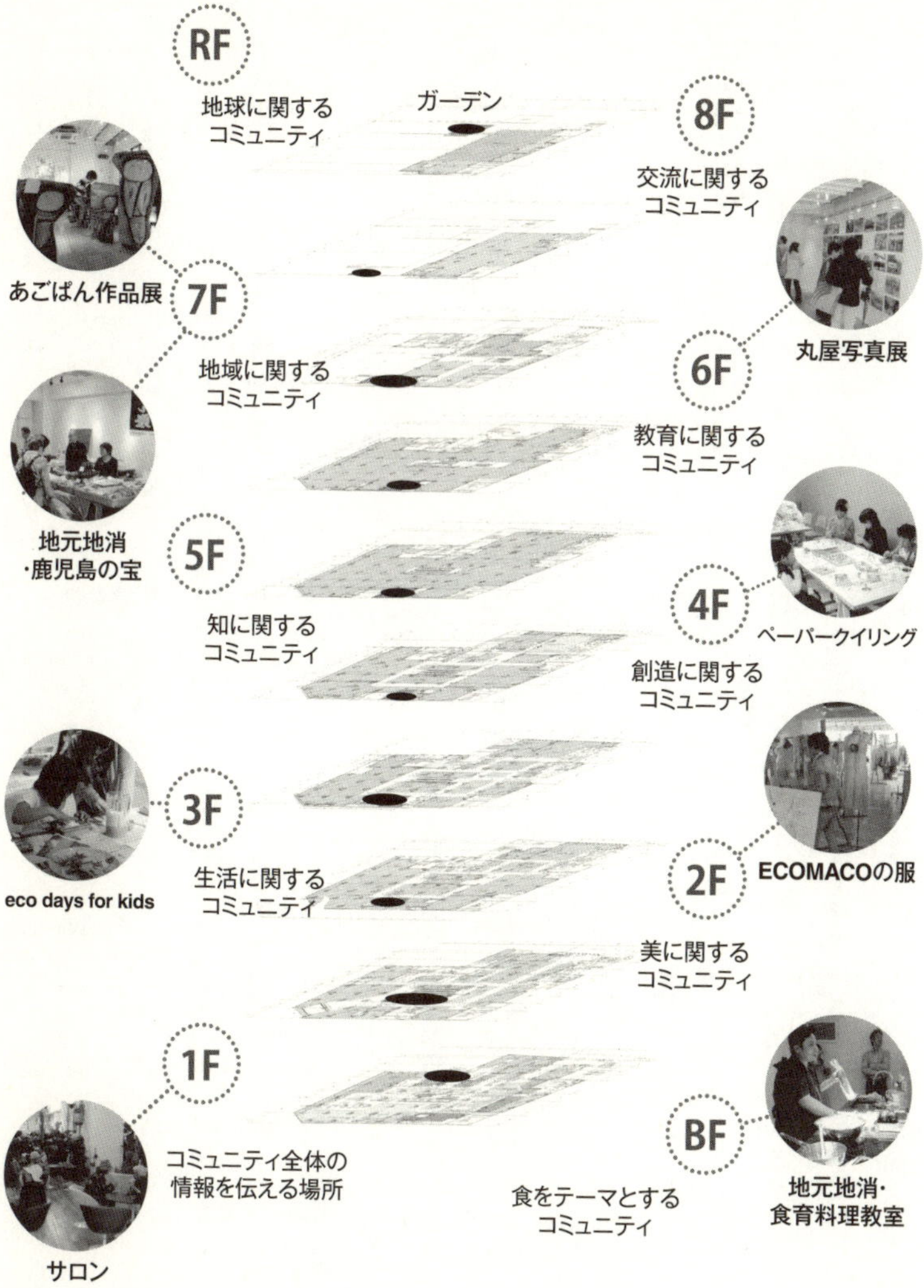

各階のテーマとテナントによって、ガーデンの性格が決まる。そのガーデンを地域のさまざまなコミュニティが使いこなす。

ヤガーデンズ」と決まった。

デパートを市民が自由に活動できる場に

コミュニティデザイナーとしてプロジェクトに関わることになった僕が最初に提案したことは、デパートだからといって飲食や物販などのテナントで埋め尽くすのではなく、地域で活動するコミュニティが活動できる場所をつくることだった。たまたま名称が「マルヤガーデンズ」と複数形だったため、コミュニティが自由に活動できる複数のガーデンを持つ商業施設になるといいのではないか、と提案した（その背景には、龍谷大学の阿部大輔さんから聞いていたスペイン・バルセロナ旧市街地の再生戦略があった。密集市街地だったバルセロナのラバル地区にいくつかの広場を設け、大通りから広場を巡って回遊する人の流れを生み出すことによって地区全体の再生に成功した事例である）。

ファッションに興味のない人がファッションのテナントで埋め尽くされたフロアを訪れることはほとんどない。雑貨に興味のない人がセレクトショップのフロアを訪れることはほとんどない。しかし、訪れてみればそのフロアで自分が欲しかったものを見つけることもある。誰かにプレゼントしたいものを見つけるかもしれない。そのためには、自分とは関係ないと思っているフロアへ立ち寄るきっかけが必要だ。そのきっかけとして、地域で活動するさまざまなコミュニティによるプログラムに目をつけた。大手シネマコンプレックスでは上映しないようなマイナーな、しかし良質な映画を紹介するコミュニティシネマに関

親子でダンボールハウスづくり。

する団体、不登校の児童と一緒に野菜をつくるフリースクール、「外遊び」を推奨するアウトドアスポーツ団体、地元で採れた野菜や魚介類を使った料理スクールを開講しているNPO。こうした各種コミュニティが日替わりで使えるガーデンを各フロアに設置し、一定のルールに基づいてさまざまな活動を展開してもらう。これによって、ファッションに興味がない人でも、ファッションフロアのガーデンで行われる「楽しいエコ生活」に関するレクチャーなら聴きにくるだろうし、結果的にフロアを回遊することになるだろう。

これまでのデパートは商品やサービスを提供することによって、一般のお客様をお得意様にするための努力を続けてきた。ところが現在では、そもそもデパートへ行かないという層が圧倒的に多くなっている。クリックで商品もサービスも手に

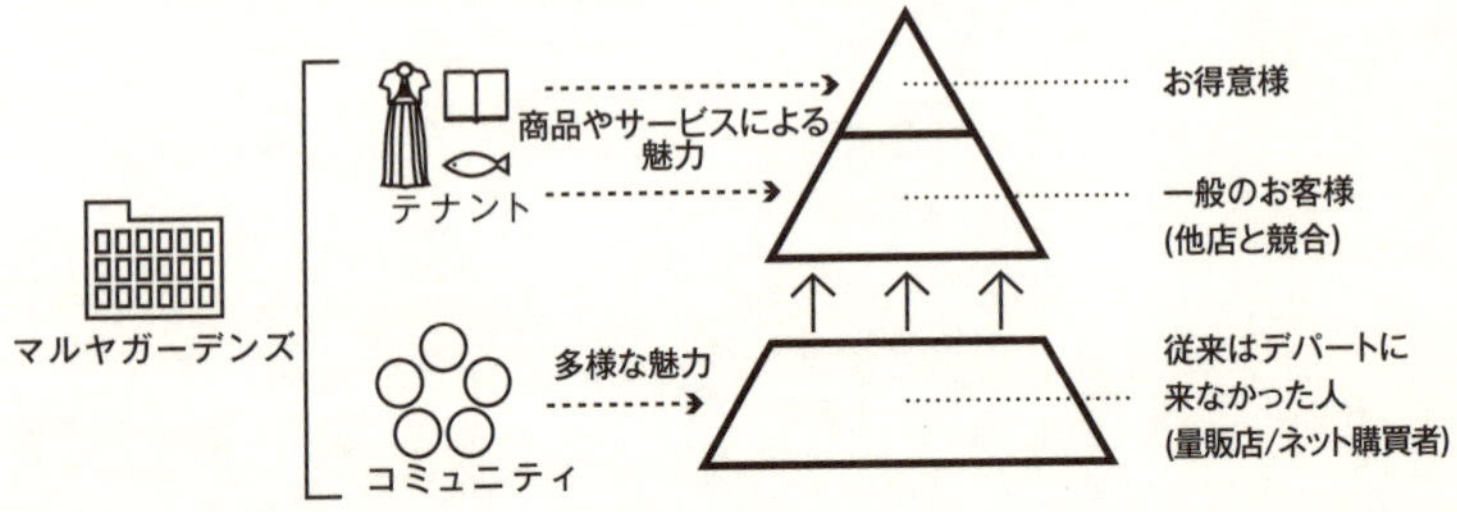

テナントの魅力とコミュニティの魅力を相互にいかす。

入ると思っているからだ。そういう人たちを動かすために、いくら商品やサービスの魅力を伝えても意味がない。クリックで購入するだけである。別の魅力でデパートへ足を運んでもらう必要がある。コミュニティが展開するさまざまなプログラムのどれかに興味があれば、その人はマルヤガーデンズまで来てくれるだろう。そのためには多様なプログラムが必要である。この場合、地域のコミュニティが提供するプログラムの種類は、本人たちが疲れてしまわない限り多ければ多いほど良い。そのいずれかに反応するお客様が来店することになるからだ。

コミュニティが生み出す「デパートへ行く理由」

ひとつのガーデンを日替わりで複数のコミュニティが使うことになるため、マルヤガーデンズにはコミュニティの調整役が不可欠である。そこで、プロジェクトを開始するときから丸屋本社のスタッフ2名にコーディネーターとして参画してもらい、コミュニティに関わる準備作業にすべて同行してもらった。こうして、コーディネーターとともに鹿児島市内のNPO、サークル団体、クラブ活動団体など50団体以上をヒアリングして回り、マルヤガーデンズで活動してくれそうな40団体をワークショップに誘った。

集まってくれた40のコミュニティと合計4回のワークショップを開催した。コミュニティ同士が知り合うプログラムやマルヤガーデンズのコンセプトを説明する時間などを設けると共に、工事中のマルヤガーデンズの現場で将来ガーデンになる場所を確認して回った。そのうえで、各コミュニティがマルヤガーデンズでやってみたいことを挙げ、どうすればそれが実現できるかを検討した。また、ガーデンに必要な設備についても検討し、音響設備や調理設備など複数のコミュニティが求めている設備については建物の設計を担当している竹内さんに伝えて設置してもらう。その際、設置するからには確実にそのガーデンで活動するよう当該コミュニティに何度も確認した。

ガーデンを利用する際のルールも必要だ。音や匂いの出るプログラム、テナントの職種に抵触するような販売行為などはマズイだろう。また、ガーデンを借りる際の賃料は、鹿児島市内にある貸し会議室の平均的な単価を参考にコミュニティの話し合いによって決められた。

オープニングが近づくと、各コミュニティがオープニング時に開催するプログラムの詳細が検討されるようになった。ワークショップの時間内に相談が終わらないコミュニティもある。彼らとは別の日に相談会を設け、何度も何度もプログラムの準備を行った。

マルヤガーデンズにはオープン以後もコミュニティからガーデンを使ったさまざまなプログラムが提案されるが、なかには内容を少し変更してもらわなければならないものも含まれる。そのとき、丸屋本社が直接コミュニティに対して変更をお願いしたり利用を断ったりすることは難しいだろう。なぜなら、プログラムを提案しているコミュニティもまた潜在的なお客様なのだから。「マルヤガーデンズに断られた」と思われるのは得策ではない。そこでマルヤガーデンズとコミュニティとの間に「コミッティ」を置くこととした。コミッティは中立的な立場でコミュニティからの提案書を確認し、必要であれば改善を要求する。

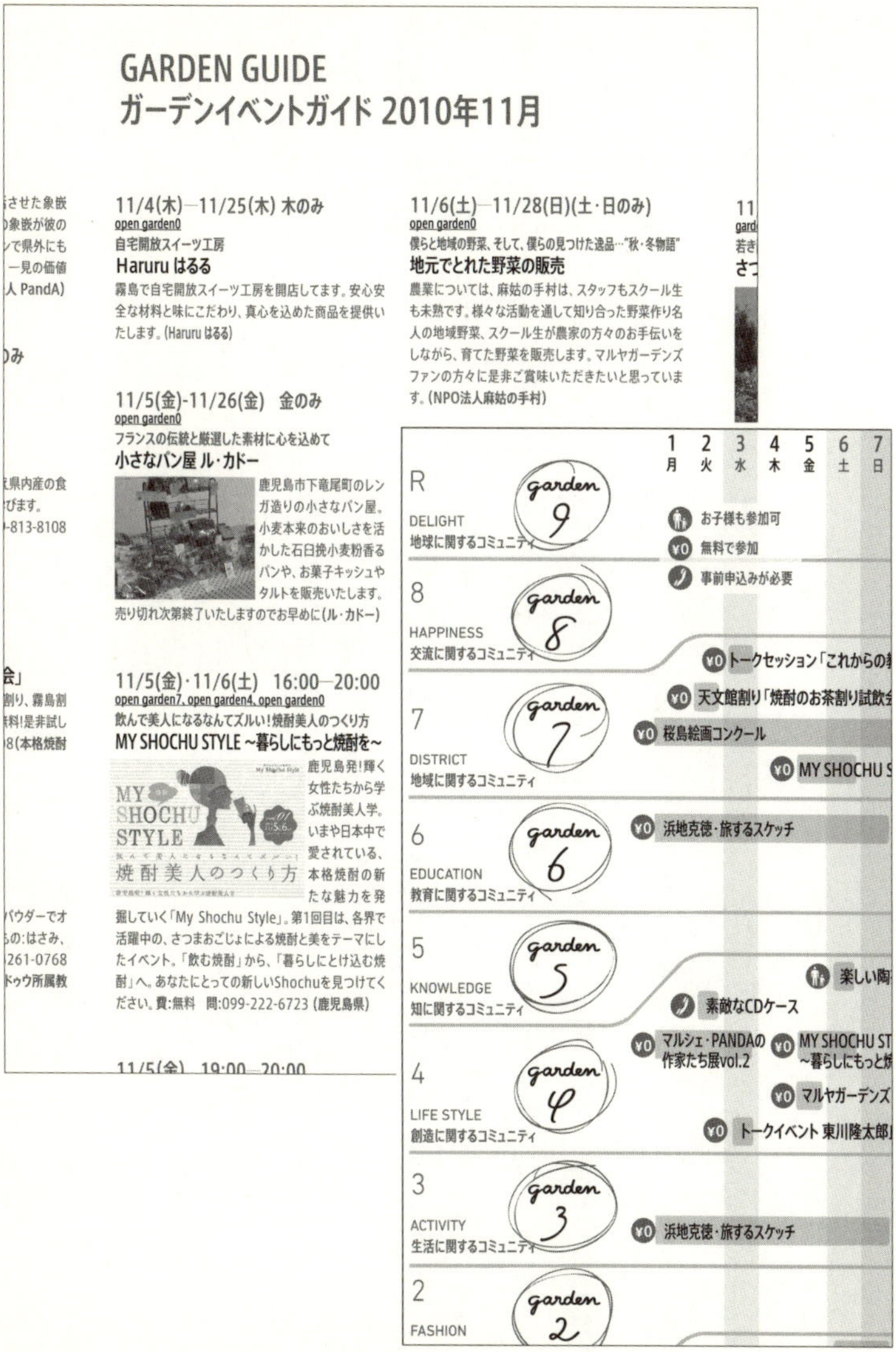

GARDEN GUIDE
ガーデンイベントガイド 2010年11月

11/4(木)―11/25(木) 木のみ
open garden0
自宅開放スイーツ工房
Haruru はるる
霧島で自宅開放スイーツ工房を開店してます。安心安全な材料と味にこだわり、真心を込めた商品を提供いたします。(Haruru はるる)

11/5(金)-11/26(金)　金のみ
open garden0
フランスの伝統と厳選した素材に心を込めて
小さなパン屋 ル・カドー
鹿児島市下竜尾町のレンガ造りの小さなパン屋。小麦本来のおいしさを活かした石臼挽小麦粉香るパンや、お菓子キッシュやタルトを販売いたします。売り切れ次第終了いたしますのでお早めに(ル・カドー)

11/5(金)・11/6(土)　16:00―20:00
open garden7, open garden4, open garden0
飲んで美人になるなんてズルい!焼酎美人のつくり方
MY SHOCHU STYLE ~暮らしにもっと焼酎を~

鹿児島発!輝く女性たちから学ぶ焼酎美人学。いまや日本中で愛されている、本格焼酎の新たな魅力を発掘していく「My Shochu Style」。第1回目は、各界で活躍中の、さつまおごじょによる焼酎と美をテーマにしたイベント。「飲む焼酎」から、「暮らしにとけ込む焼酎」へ。あなたにとっての新しいShochuを見つけてください。費:無料　問:099-222-6723 (鹿児島県)

11/5(金)　19:00―20:00

11/6(土)―11/28(日)(土・日のみ)
open garden0
僕らと地域の野菜、そして、僕らの見つけた逸品…"秋・冬物語"
地元でとれた野菜の販売
農業については、麻姑の手村は、スタッフもスクール生も未熟です。様々な活動を通して知り合った野菜作り名人の地域野菜、スクール生が農家の方々のお手伝いをしながら、育てた野菜を販売します。マルヤガーデンズファンの方々に是非ご賞味いただきたいと思っています。(NPO法人麻姑の手村)

	1 月	2 火	3 水	4 木	5 金	6 土	7 日

R
DELIGHT 地球に関するコミュニティ　garden 9
お子様も参加可
¥0 無料で参加
事前申込みが必要

8
HAPPINESS 交流に関するコミュニティ　garden 8
¥0 トークセッション「これからの

7
DISTRICT 地域に関するコミュニティ　garden 7
¥0 天文館割り「焼酎のお茶割り試飲会
¥0 桜島絵画コンクール
¥0 MY SHOCHU S

6
EDUCATION 教育に関するコミュニティ　garden 6
¥0 浜地克徳・旅するスケッチ

5
KNOWLEDGE 知に関するコミュニティ　garden 5
楽しい陶
素敵なCDケース

4
LIFE STYLE 創造に関するコミュニティ　garden 4
¥0 マルシェ・PANDAの作家たち展vol.2
¥0 MY SHOCHU ST ~暮らしにもっと焼
¥0 マルヤガーデンズ
¥0 トークイベント 東川隆太郎

3
ACTIVITY 生活に関するコミュニティ　garden 3
¥0 浜地克徳・旅するスケッチ

2
FASHION　garden 2

マルヤガーデンズのイベントカレンダー。当初はフロアガイドと一緒だったが、イベントが増えたため、別につくることになった。(デザイン：D&DEPARTMENT PROJECT)

メンバーは、鹿児島大学の教員、天文館地区の商店街組合長、鹿児島市役所の市民協働課長、マルヤガーデンズの店長、丸屋本社の社長である玉川さん、アートディレクターであるナガオカさん、そして筆者の7名である。

市民のデパート

2010年4月28日のオープニング時には、約80の店舗に混じって、20のコミュニティプログラムが各階のガーデンにて開催された。その後、4ヶ月でコミュニティプログラムは37種類に増加し、月に約200回開催されるようになっている。すでにいくつかのプログラムにはファンが定着しつつあり、そのコミュニティがプログラムを開催する時には必ずマルヤガーデンズを訪れる人たちが生まれつつある。エコな生活を推奨する団体は「これまでは市民センターなどで活動してきたが、もともとエコに興味のある人しか来てくれなかった。マルヤガーデンズで活動するようになってより多くの人にエコな生活の重要性を伝えることができるようになった」と話している。

面白いことも起きている。土に戻るエコな素材だけで服をつくっている「エコマコ」というデザイナーは、ガーデンを2週間借りて展示販売を行った。2週間後、エコマコの展示は終わりガーデンには次のプログラムが入った。ところが、ガーデンの隣にあるファッションセレクトショップでエコマコの服が販売されることになった。オーナーがエコマコの服を気に入って扱うことにしたという。さらに、ガーデンでエコマコの服を販売していたアルバイトの女性も同時にセレクトショップに採用されていた。オーナーがエコマコの服を気に入ったのか、アルバイトの女性を気に入ったのか、本当のところは僕も知らない。

地下1階のガーデンで不登校の児童が作った野菜を販売しているNPO法人「麻姑《まこ》の手村」の理事長は、みかんぐみが設計したオシャレな店内における自分たちの売り場の見え方が気になっていた。見よう見まねでつくった活動紹介のパネルはどう見ても素人の仕事だし、野菜を販売するブースも周りのデザインされた店の姿とは明らかに違っている。そのことを相談された僕は、鹿児島大学の建築学科の学生を紹介した。学生たちは実践の場を欲しがっている。NPOの理事長と相談して、周辺の店舗と比べても見劣りしないような販売ブースをデザインするよう頼んだ。数週間後に見に行くと、売り場はかなりすっきりしていた。理事長も満足げだった。「不登校の児童もデザインが良くなると自信を持って販売するようになりました。おつりを渡すときに大きな声でありがとうございました、と言えるようになったのです」。唯一の悩みは、児童たちが自信をつけてどんどん売り場を卒業していってしまうことだそうだ。

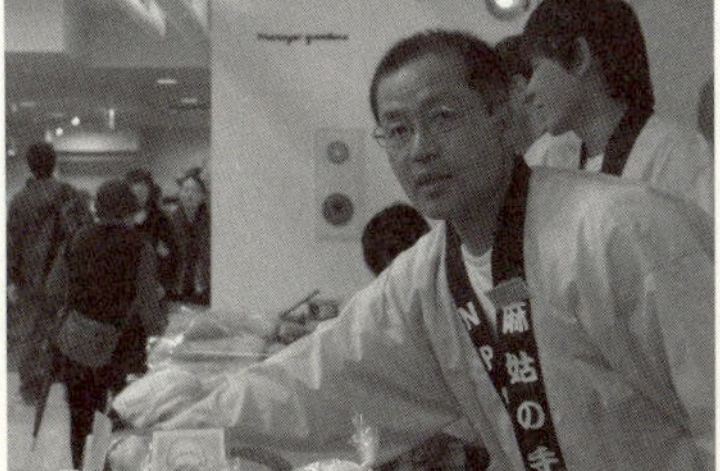

不登校の児童と一緒に野菜をつくるフリースクール「麻姑の手村」

「麻姑の手村」の野菜販売ブース。おしゃれな周りのテナントにくらべてなかなか垢抜けない。

鹿児島大学建築学科の学生のディレクションで垢抜けたブース。販売スタッフも元気になった。

コミュニティとテナントが協働する場面も増えている。100人の建築家が集まるシンポジウムでは、6階の書店が建築系の書籍を販売し、懇親会は7階のカフェで実施し、二次会は8階の結婚式場で開催した。コミュニティの活動がテナントのメリットにもつながるよう、マルヤガーデンズのコーディネーターがコミュニティとテナントをつなげているのである。

コーディネーターの役割は重要である。オープン1周年を迎える2011年4月から、新しいコーディネーターが1人増える。不登校の児童が野菜を販売する「麻姑の手村」のブースをデザインした鹿児島大学の学生だ。建築を勉強していた彼は、公共空間の担い手を生み出す仕事に携わりたいと考え、マルヤガーデンズへの就職を希望したのである。大学院を修了すると同時にstudio-Lで短期間の研修を受け、現在ではマルヤガーデンズのコーディネーターとして活躍している。

個人でも参加できる仕組み――カルティベーター

コミュニティはすでに存在した団体であり、それがガーデンを借りて活動しているというのがこれまでのフレームだった。ところが、このフレームだけだと「どの団体にも属していない個人だけどマルヤガーデンズのために何かしたい」と思っている人がマルヤガーデンズに関わることができない。そこで新しくカルティベーターというフレームを提案した。

カルティベーターとは、ガーデンを「耕す人」という意味をこめた呼称だ。マルヤガーデンズで行われているさまざまなプログラムの情報発信や、屋上庭園の維持管理、こどもへの本の読み聞かせなど、マルヤガーデンズの運営をサポートしつつ自分たちがやりたいことを実現するのがカルティベーターの役割である。カルティベーターの第一弾は、マルヤガーデンズで行われていることを発信する「レポーター」。マルヤガーデンズの10のガーデンでは毎日いろんなプログラムが開催されている。これを効果的に情報発信することが重要だ。個人が参加できる新しいコミュニティをつくり、その人たちがマルヤガーデンズで行われるプログラムを次々と発信するためにレポーターを養成する。そんな提案だ。

２０１０年9月から始まったレポーター養成講座は、カメラマンから美しい写真の撮り方を学んだり、ライターから読ませる文章の書き方を学んだり、取材の方法やブログおよびツイッターの使い方を学んだりした。このプロセスで参加者が新しいコミュニティとなり、講座終了後には自立した活動団体としてマルヤガーデンズや天文館地区の情報を発信することが求められた。

27名の参加者は、マルヤガーデンズに興味があったり、天文館地区を何とかしたいと思っていたり、写真や文章がうまくなりたかったり、新しい人たちと知り合いたかったりと、さまざまな動機で集まっている。このように多様な目的を有した人たちが新たなコミュニティをつくりだし、マルヤガーデンズおよびその周辺で活躍するようになっている。現在では、マルヤガーデンズ内で行われているさまざまなプログラムを取材し、ウェブマガジンでレポートしている（詳しくは、www.maruyagardens-reporter.blogspot.com を参照）。

カルティベーター養成講座で写真の撮り方や文章の書き方を学ぶ。

まちにとってなくてはならないデパートへ——企業の公共性

コピーライターの渡辺潤平さんはマルヤガーデンズのコンセプトを「ユナイトメント」と名づけた。部署ごとに分かれたデパートメントストアではなく、テナントとコミュニティとお客さんとまちをつなげるユナイトメントストアになること。マルヤガーデンズはこのコンセプトに基づいてまちづくりの核になろうとしている。

民間企業がまちのためにできることは、CSRとして社会的な事業に資金を提供することだけではない。新しい公共の担い手として、自らの業態に合わせた方法でまちに寄与することができる。そのことによってその企業が「まちにとって無くてはならない存在になること」が重要だ。民間企業が公共性を担保すること。そのためには、民間企業がまちに寄与するとともに、まちが企業を支えるような良好な関係を生み出すことが肝要である。鹿児島のコミュニティや天文館地区の人たちにとって、マルヤガーデンズが「無くてはならない存在になること」を楽しみにしている。

3　新しい祭

水都大阪2009と土祭（大阪・栃木 2009）

イベントを契機にしたコミュニティデザイン

面白いことが起きるものだ。ちょうど同じ時期に、同じような目的で行われるイベントの仕事が舞い込んだのである。違うのは場所の特性と事後の展開。ひとつは大阪の中心部、中之島《なかのしま》を中心として開催される「水都大阪2009」。もうひとつは栃木県益子町の中心市街地で開催される「土祭《ひじさい》」。水都大阪は9月を中心に、前後半月ずつ加えた52日間のアートイベント。土祭は9月後半の16日間のアートイベント。いずれも祭を開催すること自体が目的なのではなく、祭をきっかけとして事後のまちづくりに関わるチームを生み出すことが目的だった。

実際には、「面白いことが起きるものだ」などとノンビリ構えているわけにはいかない事態である。水都大阪は370人のボランティアスタッフを160人のアーティストへとうまく割り当てなければならないし、土祭は260人のボランティアスタッフを28のチームに分けて祭の準備を進めなければならない。同時期に開催されるイベントだったこともあって、この時期の studio-L は勢力を東西に二分して働くことになった。

むしろ面白いのは事後の結果である。コミュニティデザインの方法はほとんど同じだったにも関わらず、目的のひとつである事後のまちづくりへの展開がまったく違ったのだ。水都大阪は結局まちづくり活動へとつながらず、一方の土祭はすでに活動団体が立ち上がり、コミュニティカフェを運営しながら中心市街地を元気にするための活動を展開している。大都市の中心部で開催された水都大阪は、事後の展開について要人たちが綱引きしている間にボランティアたちの熱が冷めてしまった。一方、地方都市の疲弊した中心市街地で開催された土祭は、関わったボランティアたちがネットワークを形成し、空き店舗を使ってまちづくり活動を展開しているのだ。ここに、コミュニティデザインにおける重要なキーワードが隠されている。公共的な事業における行政参加のあり方だ。

水都大阪2009のコミュニティ

水都大阪2009は、大阪府、大阪市、関西経済連合会、大阪商工会議所、関西経済同友会など、関西の主要組織や国の組織の出先機関などが協力して実行したイベントである。実行委員会が立ち上がり、僕はそこに呼ばれてボランティアサポーターのマネジメントを依頼された。全国から集まる１６０名のアーティストが大阪の中心部にある中之島でアート作品を展示したりワークショップを実施したりする。このアーティストの活動を支える市民サポーターを募集し、チームをつくり、シフトを組み、52日間のアートイベントをマネジメントして欲しいというのである。

その頃、僕はイベントの準備こそがチームビルディングの好機だと感じていた。兵庫の有馬富士公園では春と秋にフェスティバルが開催され、これを契機に各コミュニティのチームワークが飛躍的に向上する。鹿児島のマルヤガーデンズでもオープニングイベントの準備期間にチームワークが向上した。兵庫のいえしま地域の「探られる島」も、大阪の余野川ダムの「探られる里」も、ともに小さなイベントだと考えれば、その準備段階に相当なチームワークが生まれている。水都大阪にしても、せっかくサポーターを募集してアーティストを支援するのであれば、イベントを開催する52日間で強力なチームをつくりだし、イベント終了後には大阪のまちづくりの担い手として活躍してもらうべきではないか。そんなことを提案した。実行委員会側も考え方は同じだったようで、水都大阪を単なるイベントと

水都大阪 2009。

して終わらせるのではなく、そこでの成果をさまざまな形で事後のまちづくりへと継承、継続したいという話になった。

そこで、関西のさまざまなネットワークを活用してサポーターを募集したところ、約370名の市民が集まった。2日間に渡る説明会を実施し、水都大阪の概要を説明するとともに、単なるイベントではなく事後のまちづくりにつながるきっかけとしてのイベントであることなどをサポーターに伝えた。そのうえでチーム分けを行い、参加者の興味に応じてサポーターチームをつくった。

できあがったチームごとに52日間のシフトを組み、アーティストの活動を支援する体制をつくりあげた。会期中はスタジオメンバーが必ず現地に滞在し、サポーターたちの活動を支援するとともにディレクターとしてチームの結束力を高めるよう働きかけた。チームによっては、公式なイベント記録冊子とは別に、チーム独自の冊子をつくって仲間に配布したり、会期終了後も会合を開いたりしながら事後の活動について話し合ったりしていた。

ところが、水都大阪2009実行委員会としては事後につなげる活動をどのように展開するのかを決め切れなかった。大阪府、大阪市、経済界の考え方がそれぞれ少しずつ異なっていることや、水辺を利用することに関する多様な規制、予算や責任の所在をどうするのかなどを検討するうちに、実行委員会が解散する期日が来てしまったのである。僕は実行委員会の事務局長が個人的に開いた「水都大阪の継承・継続を考える会」に参加し、現場で活動していた仲間たちと事後の活動について検討したが、結局、方向性が決まらないまま時間だけが過ぎてしまった。イベント終了から2年経った今でも「水都大阪推進委員会」のワーキンググループなるものに出席しているが、事態はそれほど前進していないように感じることが多い。

イベント終了直後は、次の活動について想いを語ったサポーターたちも、今ではどこで何をしているかほとんど分からない。何度かサポーターチームから「いつから活動を始めればいいですか」という問い合わせをもらったことがある。その都度「まだ枠組みができていないのでもうしばらく待って欲しい」と伝えた。今ではもう問い合わせはない。水都大阪の準備段階と実行段階を通じてできあがった新しいコミュニティが、結局、霧散してしまったことになる。大変もったいないことだ。

サポーターには、事後のまちづくりにつなげるためのイベントであることを伝えていた。

土祭のコミュニティ

土祭は、益子焼という陶器で有名な栃木県益子町で開催された祭である。窯業のほかに農業や林業も盛んである益子町は、それらに共通するキーワードである「土」を掲げた祭を実施することを決めた。土祭のコンセプトはプロデューサーである馬場浩史さんが設定した。土のアーティストが作品をつくり、光る泥団子づくりのワークショップが開催され、地元の野菜をつかったカフェがオープンし、土の舞台で音楽が演奏される。土でつながる人たちの一大イベントを開催しようという試みである。

水都大阪と同じく、土祭も実行委員会形式で進められた。実行委員会の会長である益子町の大塚町長に呼ばれて意見を求められた僕は、祭全体を市民参加型で実施することによって複数

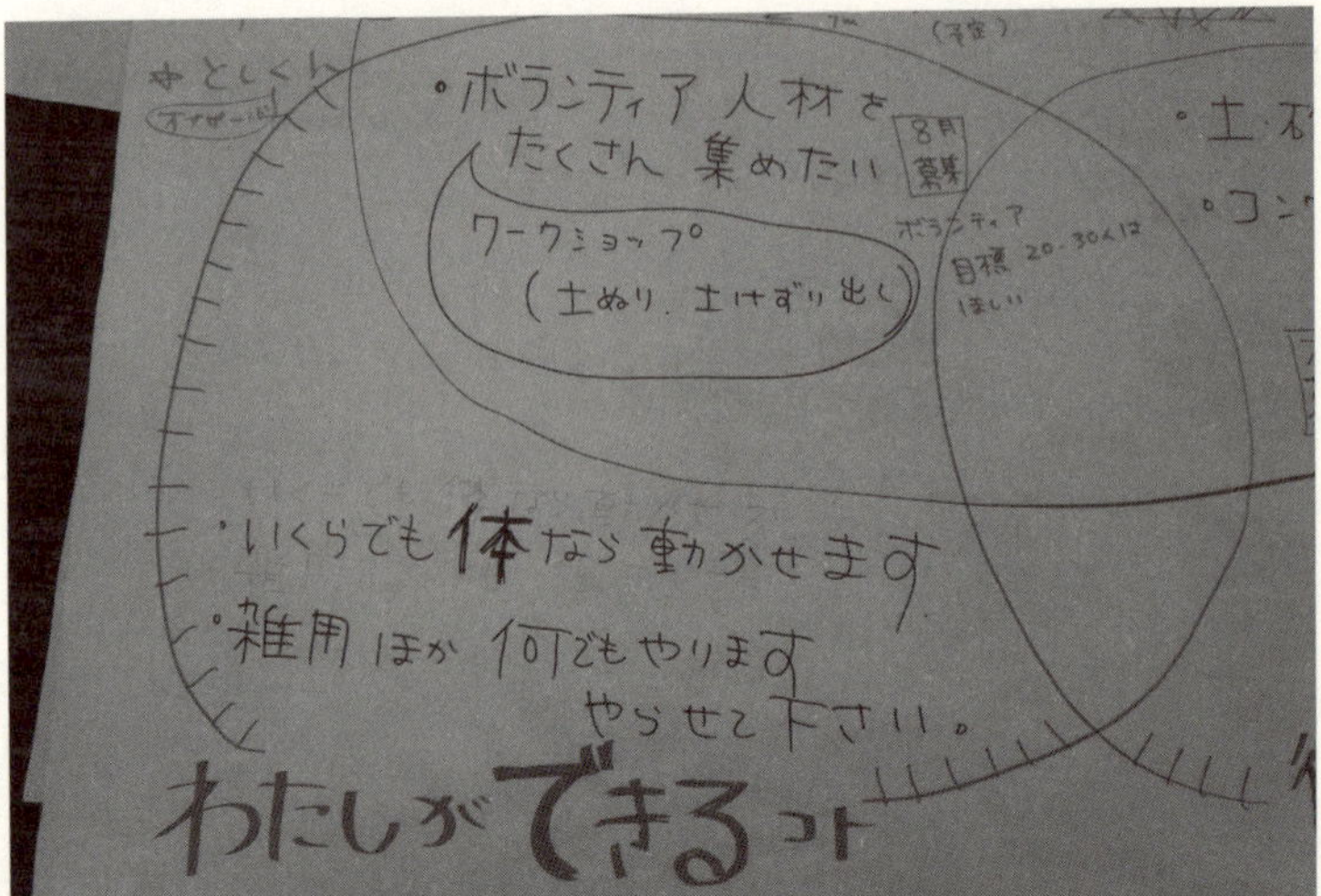

260 名がボランティアスタッフに応募してくれた。ワークショップでは、それぞれができることを出し合った。

地元の小学生による「キッズアートガイド」。こどもたちがまちを案内する。背景には建物に貼られた巨大なポスターが写っている。

のチームを生み出し、このチームを祭終了後のまちづくりの担い手へと育てることを提案した。水都大阪と同じような考え方である。この考え方に基づいて益子町を中心にボランティアスタッフを募集したところ、約260名が応募してくれた。この人たちに集まってもらって全体会議を実施し、祭の運営に必要な役割に沿った28のチームに分かれてもらった。また、この祭が単なるイベントではなく、まちづくりにつながる祭であることなどを伝えた。

全体会議は祭開催まで定期的に開催されたが、それ以外にも相談会を設けて各チームの準備作業に関わる相談を受け付けた。また、会期直前には「おもてなし講座」を実施し、主に首都圏から来場するお客様に対してどんな気持ちでおもてなしをすべきなのかという心構えを共有した。同時に、この祭が事後のまちづくりにつながることを再度確認したうえで、祭終了後にどんな活動を続けたいか各チームに聞いて回った。数日後から本番が始まるという時期である。準備の手を止めて祭後のことを聞かれるたびにチームは苛立っていただろうと思う。それでも僕はしつこく事後の活動についで確認した。事前にしつこく事後の活動について確認しておくことが

おもてなし講座。

祭りは 16 日間続いた。

大切だと思ったからだ。

16日間の祭が始まると、前半は来場者への対応に追われて余裕のない日々が続く。しかし後半になると毎日の作業に慣れてきて、会期が終わりに近づくと徐々に終了後の活動に関する話が出始めるだろう。そのときのために、準備段階から事後の活動についてしつこく確認しておくことが肝要なのである。果たして、祭が終了に近づくにつれてチーム内で事後の活動について話し合われるようになっていたのである。

土祭終了後、いくつかのチームから有志が集まって「ヒジノワ」というグループをつくった。土祭を契機にしてできあがった輪だから「ヒジノワ」なのだという。彼らは、会期中に作品の展示会場として「栃木緑建」チームが改装した中心市街地の空き家を、さらにカフェとギャラリーへと

事前準備

- 事務局づくり
- アートウォーク実行委員会が土祭の開催を提案
- 事務局が土の作家にヒアリング、参加交渉
- 役場職員への説明会と参加呼びかけ
- 町民への説明会／近隣の大学への説明会
- 全体会議／相談会／チーム間の調整／おもてなし講座

↓

土祭開催中

- 住民が準備してきたプログラムを開催
- 住民グループが運営
- 来場者へのアンケートを実施

↓

事後

- 広報用映像や取材状況の確認
- アンケート結果の共有
- 継続して活動するチームの決定
- 『ヒジノワ』グループの立ち上げ

土祭での住民参加のプロセス。

栃木緑建チームのミーティング風景。

改装して活動拠点とした。展示会やイベントを実施することによって、ヒジノワに関わる人が徐々に増えている。また、町内で活動するほかの人たちとつながって協働することも増えている。先日は、ヒジノワの活動に刺激を受けた商工会が中心市街地の活性化ビジョンを策定した。土祭をきっかけにして、今まさに人のつながりが広がっている。

公共的な事業における行政参加の重要性

水都大阪と土祭の違いはどこにあるのだろうか。確かに水都大阪は大都市の中心部で開催されたイベントであり、関係する主体も多く、規制事項の多い水辺が対象だったことから、事後の活動がなかなか動き出しにくい状況にあったといえよう。しかし、事前に事後の活動フレームがある程度描けていれば、無理に水辺で活動せずとも、まずは比較的規制が少ない中之島公園内で活動を始められたはずだ。兵庫の有馬富士公園などで実現できているパークマネジメントを展開すれば、イベント時に誕生したチームがプログラムの担い手になることは間違いない。大阪の中心部という立地を考えれば、その後も多くのＮＰＯやサークル団体が中之島公園に集結し、

土祭を契機に誕生した「栃木緑建ギャラリー」でヒジノワがカフェを開く。

さまざまなプログラムを実施することだろう。そのコアメンバーとして水都大阪に関わったサポーターコミュニティを位置づけることができれば、彼らとしてもやりがいを感じて中之島公園にかかわり続けることになったはずだ。

「府と市と経済界との関係調整が難しくて」というもっともらしい言い訳を聞くたびに、時代の転換期には大都市から新しいことなんて生まれないのかもしれないという気分にさせられる。僕が知る地方の基礎自治体は危機意識がとても高く、変化への対応能力が高い。行政と市民とが本気で協働しなければ、目の前にある課題を乗り越えることができないのが明確だからだ。教育も福祉も産業振興も限界集落も、行政だけで解決できた時期はとっくに過ぎている。だからこそ、住民との協働が不可欠なのである。

公共的な事業に対する住民参加はかなりの完成度を見るようになってきた。全国でもいろんな事例が見られるようになっている。問題は行政参加である。行政だけで公共的な事業を進めてきた時代の名残がまだまだのさばっていて、特に大都市では行政職員が公共的な事業にどう参加すればいいのか分かっていない。住民と行政が公共的な事業に参加する時代には、住民の活動リズムに合わせた行政内部の決裁システムに変えなければならない。急に変えられないのであれば、あらかじめ住民と協働できる制度的、予算的フレームを設定しておく必要がある。

イベントを契機にして新しいコミュニティが誕生したとする。このコミュニティが公共的な役割を担うべく行政に協働を呼びかけたとしたら、行政はすぐ応じる準備ができているだろうか。「この件は一度持ち帰らせてください」と言い、庁内で決裁を上げ、差し戻されて再検討して、などということを繰り返していたら、その間に住民のやる気は消えうせることだろう。半年後に「お待たせしました。いろいろ検討してみましたが、行政としては今回のことに予算をつけることができないということになりました」などと返事を出そうとしても、すでにコミュニティは霧散していることだろう。

公共的な事業に対する住民参加に比べて、行政参加はまだまだ遅れている。特に大都市のそれは如何ともしがたい状況である。

Part 6

ソーシャルデザイン
――コミュニティの
力が課題を
解決する

1　森林問題に取り組むデザイン

穂積製材所プロジェクト（三重　2007—）

忍者のまちづくりシンポジウム

伊賀が忍者の里だということくらいは知っていた。しかし、だからといって忍者の衣装を着てまちづくりを語ることになるとは思わなかった。2006年に伊賀市で行われたまちづくりに関するシンポジウムは、基調講演の市長も忍者、事例発表者も忍者、シンポジウムに参加した300人の観客もみんな忍者の格好をしていた。忍者の里はやることが徹底している。そんななか、ひとりの女性忍者と知り合った。60歳を過ぎ、旦那が経営する製材所もそろそろ閉めようと思っている。ついては、製材所の跡地を人が集まる公園にしてもらえないか。民間がつくる公園の設計依頼である。これは珍しい。さっそく現地を調査しにいった。

穂積製材所は、ＪＲ関西本線の島ヶ原《しまがはら》という駅の目の前にあった。70歳を目前に控えた穂積夫妻が経営するこの製材所は、跡を継いで仕事を続ける人が見つからないため、閉鎖して駅前の公園にする予定だった。地域の人が集まる場所になると嬉しいという。穂積家は、先代が20年間島ヶ原村の村長を務めた家だった（現在は合併して伊賀市に統合）。地域の人たちに大変お世話になったので、息子世代のふたりは地域に恩返しするために公園をつくろうと考えたらしい。美しい話だ。

製材所は３０００㎡以上の広さがある。そのなかに４００㎡の倉庫が４つあり、丸太から材を切り出して乾燥させ、やすりがけして建材をつくるための機械がすべてそろっている。もちろん、まだ建材の在庫もたくさん残っている。これらを撤去して、「製材所だった頃の記憶を残した公園のデザイン」などというものを考えるのはもったいない気がしてきた。むしろこのままのほうが面白い。丸太から木材が生み出される工程を体験できる場所というのはそれほど多くない。その面白さをそのまま体験できるような場所にするべきではないか。人が集まって楽しむ場所にすることが目的なのであれば、公園でなくてもそれを達成することはできる。

例えば、都市部に住む人が週末に遊びに来て、思い思いに家具をつくる場所に

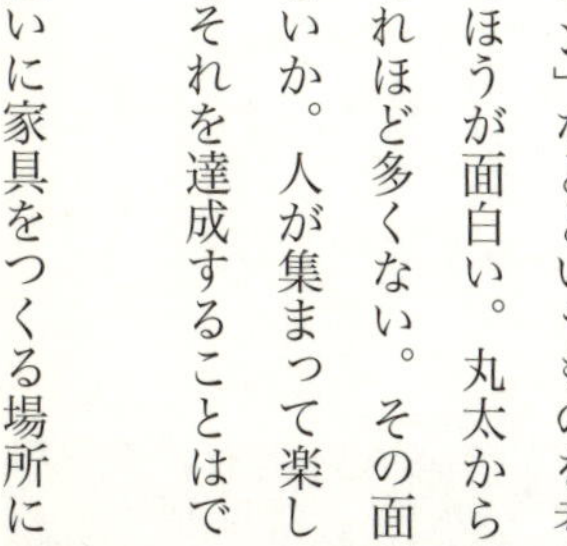

穂積製材所の倉庫。

するのはどうか。木材は、材料を動かすから値段が高くなるのであって、材料を必要とする人が動けば現地で買う丸太はそれほど高くない。丸太一本から何枚もの木材がとれる。何週間もかけて少しずつ家具をつくり、完成したらそれを自宅へ送る。そんな家具づくりスクールをつくれば、都市部から人が集まるようになるし、地域の人たちにその運営を手伝ってもらえれば、さまざまな交流が生まれるのではないか。そんなことを穂積夫妻に提案した。２００７年のことだ。

プロジェクトの準備

週末に泊り込みで家具づくりをする場合、食事とお風呂と寝る場所が必要となる。食事は穂積さんが主宰するＮＰＯ法人「おかみさんの会」が提供できることになった。すでに製材所の入り口でカフェを運営しており、地元の野菜をつかった食事を提供している。お風呂は「やぶっちゃ」という地元の温浴施設がある。あとは寝る場所だけだ。そこで、製材所の敷地内にテントを張って寝てもらうことにした。ただし、せっかく製材所なのでテントはすべて木製にする。基礎をつく

NPO 法人「おかみさんの会」と地元の野菜をつかった献立て。

建築家が設計した建物を学生が一緒に建てる。

らない木製のテントで、少し重いけど移動可能なものだという位置づけで、製材所内に寝る場所をつくることにした。

関西で活躍する6組の建築家にそれぞれの小屋のデザインを依頼し、それを建てる作業に参加する学生を募集した。建築家が設計した建物を一緒に建てる機会というのはほとんどないため、関西を中心に多くの学生がプロジェクトに参加した。参加した学生の一部は、家具づくりスクールのための家具をつくってみたり、みんなが集まる広場づくりに関わったり、おかみさんの会を手伝って食事をつくったりした。学生チームは緩やかに役割分担を決めて、ねどこチーム、家具チーム、広場チーム、食事チームなどのコミュニティが誕生した。現在は約200名の学生がプロジェクトに登録している。

家具づくりスクールに向けて試作品をつくるメンバー。

家具づくりスクールに参加した家族たちの前で道具の使い方を説明するメンバー。

プログラムのデザイン

家具づくりスクールのプログラムはシンプルなものだ。「ねどこ」と呼ばれる木製のテントが6つあるので、参加世帯数は最大6世帯。ひとりで参加しても家族で参加してもいい。集まった6世帯がアイスブレイクゲームなどを通じて友達になったあと、まずは山へ行ってスギやヒノキの林がどういう状態なのかを知ってもらう。国産材の利用が高まらないなか、多くの山は管理されないまま放置されている。管理された状態と放置された状態を比べてみれば、山が荒れるというのはどういうことなのかをすぐに理解できる。荒れた山からは表土が流出し、ひどい場合には地すべりを起こす。手入れをするために必要なのは木材を使うことだ。山から木を切り出し、それを製材して家具をつくることが、結果的に山を守ることにつながる。参加者にそのことを理解してもらったうえで、切り出してきた丸太を製材し、家具をつくるプログラムを体験してもらう。

週末につくった家具は途中で放置しておいてもいい。次の週末に来て、続きをすればいいからだ。週末を4回使えば、テーブルでも椅子でもだいたい完成させることができる。完成したら、家具を自宅に送ってプロジェクトは終了だ。4週間のプログラムを通じて、6世帯が仲良くなり、島ヶ原のことをよく知ってもらい、家具づくりプログラムのリピーターになってもらうことが重要である。参加者が増えれば、7棟目、8棟目の「ねどこ」を建ててもいいだろう。

こうした4週間のプログラムを年間に何回開催することができるのか。山を見学し、木材を切り出し、

設計：tapie

設計：SPACE SPACE

設計：ARCHITECT TAITAN PARTNERSHIP

設計：dot architects

設計：SWITCH 建築デザイン事務所

設計：吉永建築デザインスタジオ

建築家たちが設計した「ねどこ」。

家具をつくるというプログラムに対して、参加者はどれくらいの費用負担を受け入れるのか。家族で参加した場合、女性やこどもが参加できる別のプログラムが必要ではないか。現在はモニターツアーを開催しながら、参加した人たちとともにプロジェクトの骨子を考えているところだ。

プロジェクトをゆっくり進めること

このプロジェクトの特徴はゆっくり進むという点だ。プロジェクトの準備期間が異常に長い。すでに4年も準備しているが、いまだに家具づくりスクールは始まっていない。ゆっくりであることが重要だと感じているからだ。いきなり土地が改変され、よそ者が地域に入り込み、まったく新しいプロジェクトをスタートさせると、地域住民からの反発も大きくなる。変化のスピードが速すぎて、気持ちがついていかないのである。

また、プロジェクト自体もじっくりテストする時間がないため、すべて予測や計画に基づいて進めてしまうことになる。何度もテストしながらプロジェクトの枠組みを修正し続ける余裕がない。予測を元にプロジェクトを進めるため、それが外れる危険性も高い。急いで準備するため、空間整備も道具の調達もこだわる時間がない。ある程度のところで見切りをつけてスタートしなければ間に合わないからだ。結果的に、プロジェクトは賭けだということになる。しかし、これはいかにもあぶなっかしい。

ゆっくり進めるプロジェクトは賭けにならない。少しずつ試してみて、うまくいかないところを修正し

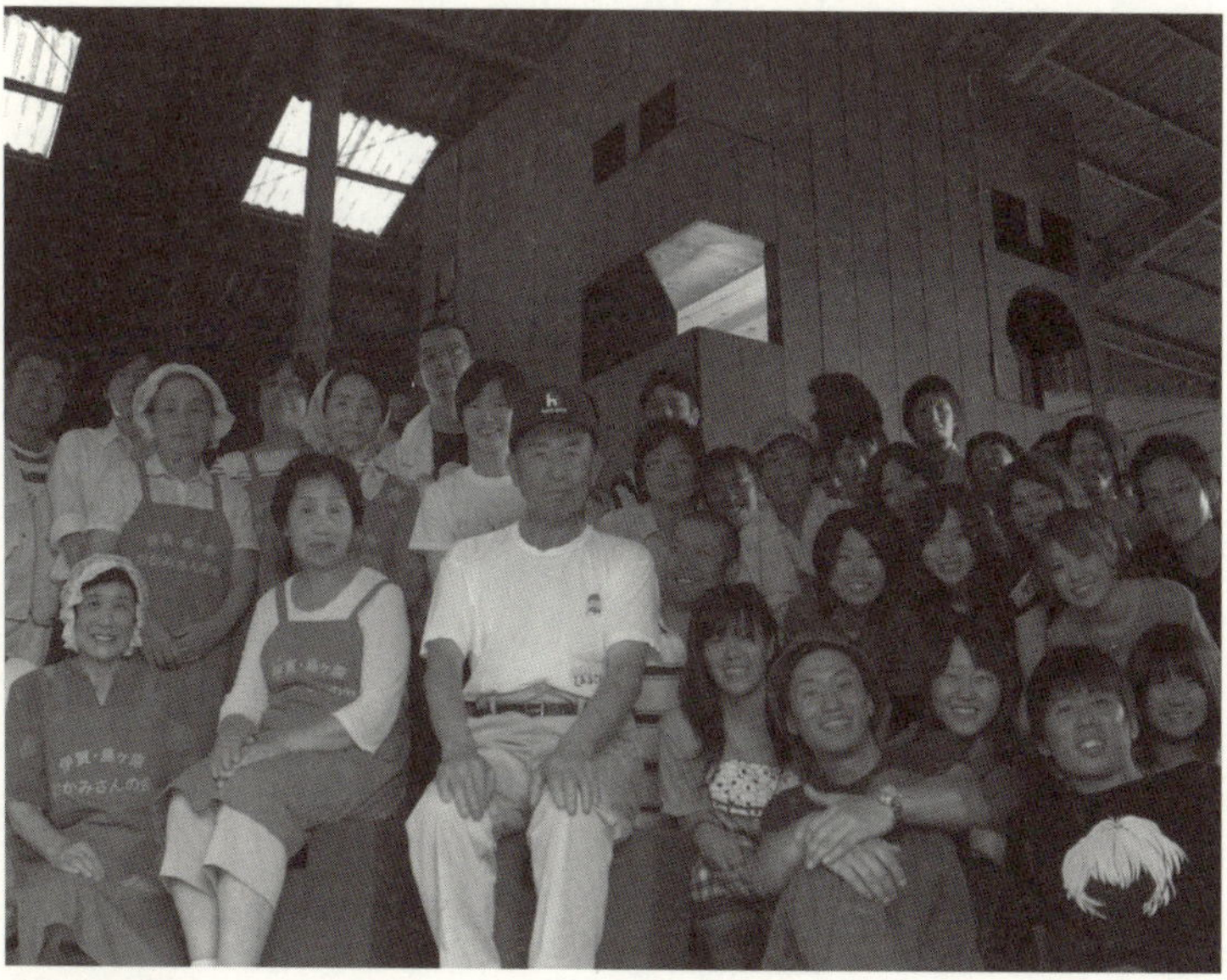

ゆっくり進めよう。

ながら進めればいいからだ。そこには大きな失敗が起きない。そのためには無借金でプロジェクトを進めることが重要である。関係者以外から資金を調達してプロジェクトを進めようとすると利子が発生する。これをなるべく小さく抑えるために、早くプロジェクトをスタートさせて、参加者から早く費用を回収して、借金を返済しようと考える。時間がたてば利子がどんどん大きくなるからだ。

利子の増大が無いプロジェクトであれば、ゆっくりと確実に育てるのがいい。在庫の木材を使い、学生の力で小屋を組み立て、すでにある機械で家具づくりスクールを始める。あせらず、ゆっくりとプロジェクトを進める。そうすれば、至らない点がいろいろ見えてくる。それを修正しながらプロジェクトのスキームを固めていく。自分たちだけで解決できないことが見つかると、それを手伝ってくれる人を探す。そうやって少しずつ関わる人たちの輪を広げていく。地域の人たちにも少しずつプロジェクトを理解してもらい、外からやってくる学生たちと交流してもらう。新たなコミュニティを生み出していく。

ここにきて、穂積製材所に住み込んで家具づくりを指導してくれそうなデザイナーが見つかった。家具づくりに必要な道具も少しずつ揃ってきた。家具づくりのための工房も完成しつつある。「ねどこ」は6棟完成した。いよいよ家具づくりスクールを開始させる時期である。しかし準備はまだまだ続く。スクールを運営しつつ、7棟目の「ねどこ」を学生たちと作り続けたい。お土産用の「製材所バウムクーヘン」の試作品もつくりたい。木製のフォークやナイフ、お皿づくりも進めたい。地域の蔵に眠る面白いものを展示、販売するギャラリーもつくりたい。まだまだやりたいことはある。だからこそ、穂積夫妻にはまだまだ元気でいてもらわなければならない。このプロジェクトが、70歳を過ぎた穂積夫妻が長生きする理由になればとても嬉しい。

その意味でも、ゆっくり進めよう。

2　社会の課題に取り組むデザイン

+designプロジェクト（2008―）

キャメロン・シンクレアとの出会い

何気なく眺めていた雑誌（『Pen』2004年6月15日号）の1ページに目がとまった。「住む家のない人にこそ建築デザインが必要だ」というタイトルで紹介されていたのは、「人道支援のための建築（Architecture for Humanity）」というNPOを主宰するキャメロン・シンクレア。災害や戦争で家を失った人たちに対して、建築家のネットワークを通じて適切なデザインを募集し、それを現地に建てていくという活動をしている。単なる避難所や難民キャンプではなく、快適に過ごせるようなデザイン的工夫が随所に見られる。本人は建築の力を信じている建築家だが、自分で設計するのではなく世界中の建築家からアイデアを募集して現地に建物を建てることに専念している。

社会的な課題に対してデザインは何が可能なのか。漠然と考えていたテーマが、このとき明確になった。デザインはデコレーションではない。おしゃれに飾り立てることがデザインなのではなく、課題の本質を掴み、それを美しく解決することこそがデザインなのである。デザインはdesignと書く。ddesignという言葉の原義には諸説あるが、僕はde-signが単に記号的な美しさとしてのサイン（sign）から抜け出し（de）、課題の本質を美しく解決する行為だと理解したい。僕が取り組みたいと思っていたデザインは、まさにそういうデザインである。人口減少、少子高齢化、中心市街地の衰退、限界集落、森林問題、無縁社会など、社会的な課題を美と共感の力で解決する。そのために重要なのは、課題に直面している本人たちが力を合わせること。そのきっかけをつくりだすのがコミュニティデザインの仕事だと考えるようになった。

そんな活動を世界中で展開しているのがキャメロンだった。しかも彼は僕と同じ年齢。雑誌の写真でポーズをとるキャメロンは、たるみ始めたあごの下にしても、出っ張り始めたお腹にしても、まさしく同年齢の体形だった。親近感を感じた僕は、さっそくメールを送って日本国内で同じよう

キャメロンとは、会える機会になるべく会って、直接、話をしている。（撮影：小泉瑛一）

な志のもとに活動しているデザイナーがいることを伝えた。課題解決のために重要なのはコミュニティの力だという点はキャメロンもまったく同意見だった。彼もまた、デザインによってコミュニティの力をどう高めるかについて模索していたのである。それ以降、彼が開発途上国で取り組んでいることと、僕が日本の中山間離島地域で取り組んでいることについて、定期的に情報交換するようになった。力強い仲間を得た気持ちになった。2007年から穂積製材所プロジェクトで森林問題に取り組もうと思ったきっかけのひとつもまた、キャメロンとの出会いだったといえるだろう。

震災+design（2008年）

デザインは社会の課題を解決するためのツールである。デザインの力でコミュニティの力を高めることが重要である。キャメロンとの情報交換で確信したことを大学の研究室（東京大学大学院工学研究科都市工学科大西・城所研究室）で話していたら、それに反応

203X年、東京首都圏で阪神・淡路大震災レベルの大地震が発生しました。ある地域では住宅の倒壊等により居住地を失った約300名が近隣の小学校の体育館に一時的に避難しています。避難という非日常時には水不足、治安の悪化、住民同士の衝突等の様々な問題が生じます。それは時として死という最悪の事態にもなりかねません。避難所の中で起こりうる課題を明らかにし、それらを解決するデザインを提案してください。

した仲間がいた。筧《かけい》裕介氏である。筧氏は広告代理店に勤めていて、2001年9月11日のニューヨーク出張中にテロを目前で体験した。広告やデザインがやるべきことは、単に消費を煽って経済を成長させることだけではないんじゃないか。筧氏の中に生まれた疑問が僕の問題意識と一致したという。僕もまた、1995年1月17日に神戸の震災を目前で体験した記憶がある。巨大な崩壊を経験した者同士、モノのカタチをデザインすることに留まらないデザイン行為、社会の課題を解決するためのデザイン行為について議論し始めた。

そんななかから生まれたのが「震災＋design」プロジェクトである。筧氏が所属する広告代理店（博報堂内に設けられたhakuhodo＋designプロジェクトチーム）とstudio-Lが協働して進めるプロジェクトとして、震災が起きた後の避難所におけるさまざまな課題を解決するためのデザインを学生たちと考えることにした。前半はワークショップ、後半はコンペティションという少し変わったプロジェクトであり、参加する学生は2人1組で応募してもらった。

学生のアイデアを個別にブラッシュアップする。

デザインの可能性

1. 継続を促すデザイン
2. 決断を支えるデザイン
3. 道を標すデザイン
4. 溝を埋めるデザイン
5. 関係を紡ぐデザイン

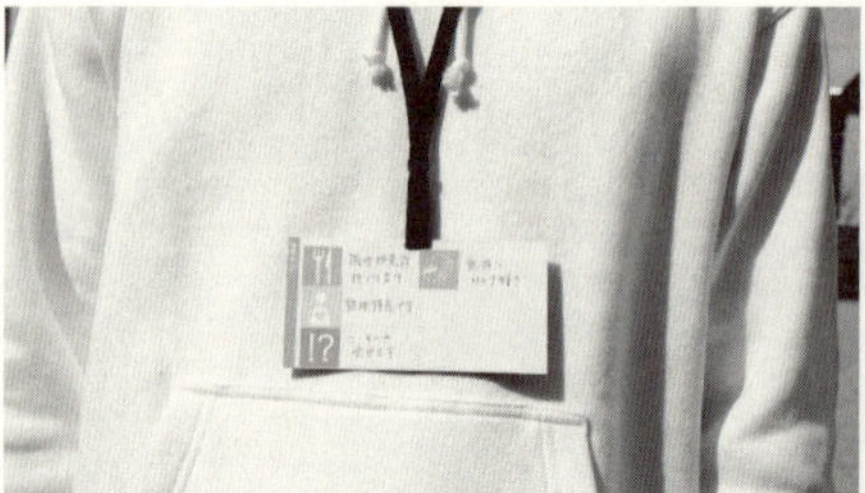

住民間のコミュニケーション不足 → 知りあい、助けあう
行政やボランティア頼みの運営　　スキル共有I.D.カード

水を再活用する
トリアージュタグ

デザインの可能性。

片方はデザイン系でもう片方はその他の専門。教育とデザイン、看護とデザイン、産業とデザインなど、学部や学科を超えて多様な組み合わせによる応募が見られた。集まった22組44名の応募者とともにワークショップを行い、避難所での課題を思いつくだけ挙げてもらった。これらを整理するとともに、さらに深い課題を見つけるために学生たちは資料館へ行ったり書籍やネットで情報を調べたりした。こうして整理された課題の本質をそれぞれが持ち帰り、それらを解決するためのデザインを提案した。さらに、提案されたアイデアを僕たちがブラッシュアップし、学生とともに最終的な提案内容へとまとめ上げた（詳しくは、http://www.h-plus-design.com/1st-earthquake を参照）。

その結果、提案されたデザインは、「避難所で貴重な水を何度も使いまわすために水質がひと目

大学生によるワークショップ。

でわかるタグ」や「住民同士の協力を促進するために感謝の気持ちを可視化するシール」、「避難した人たち自身が避難所を運営するために各自ができることを明示したカード」など、避難所の課題を解決するためにコミュニティの力を高めるアイデアが多かった（詳しくは hakuhodo+design / studio-L 共著『震災のためにデザインは何が可能か』ＮＴＴ出版、２００９）。避難所で発生する課題の本質を探れば探るほど、何かひとつ便利なツールをデザインすれば課題が解決できるわけではないということが明確になったのである。本気で課題を解決しようと思えば、人と人が協働するためのツール、コミュニティの力を高めるためのツールが必要だという話になった。コミュニティデザインの必要性を改めて感じたプロジェクトだった。

この原稿を書いている２０１１年３月に東北で大地震が発生した。すぐに筧氏と相談して、震災＋designで検討したアイデアを実現することにした。まずは、避難所に集まった人がそれぞれできることを書くＩＤカードをブラッシュアップし、避難所で活動するボランティアが自分のスキルを明示するための「できますゼッ

学生の提案が元になって生まれた「できますゼッケン」。避難所のボランティアが貼ることで、避難者が声をかけやすくなる。

ケン」として現地に送った。また、現地へ行く人が自由にダウンロードして出力できるようホームページを用意した（http:// issueplus-design. jp/dekimasu）。避難所ではボランティアが忙しく動き回るため、遠慮して助けを求められない人が多い。ゼッケンがボランティアに声をかけるきっかけになれば嬉しい。

放課後＋design（2009年）

2年目の課題は「こどもの放課後」とした（博報堂内でのプロジェクトの位置づけが1年目と変わったため、2年目からは博報堂生活総合研究所とstudio-Lが協働することになった）。前半の課題発見ワークショップでは、30組60名の大学生に加え、実際に小学生とその保護者に参加してもらい、各種ツールを使って小学生の放課後の過ごし方についてヒアリングした。その結果「こどもにも花金がある」「ボーっとする時間が欲しい」「寝不足なので昼寝したがっている」「アポを取らないと遊べない」など、現代のこどもが抱える課題が見つかった。こうした課題を整理しつつ、その本質を見極めるために更なる文

小学生はどんな風に放課後を過ごしているのか？ カードゲームを応用したワークショップで、放課後の過ごし方を把握した。

献調査を行った後、参加者からデザインの一次提案を受け付けた。ここで選ばれた12組24名の学生たちと合宿ワークショップを実施した。

2泊3日で宿泊施設に泊り込み、2人1組のチームごとにアイデアを検討しては僕たちがそれをブラッシュアップする。何度も何度もやり直しさせられるブラッシュアップのプロセスを学生たちは「千本ノックを受けているようだ」と言ったが、それはこっちの台詞である。12組が次から次へと煮え切らない提案を持ってくるのである。結局、ほとんど寝ずに2泊3日を過ごして学生のアイデアを磨き上げた（詳しくは、http://seikatsusoken .jp/zokei/kodomo を参照）。

こうして鍛え上げられた提案は、「こどもの居場所がそれとなく把握できる自動販売機ゲーム」「こどもの発育を長期的に支える母子手帳の20年化計画」「放課後にこどもが気軽に集まることのできる地域住民経営の非営利食堂」など、こどもの年齢に近い大学生だからこそ発想できるデザインとなった（詳しくは、博報堂生活総合研究所著『こどものシアワセをカタチにする』非売品、２０１０）。ここでも、こどものコミュニティ、あるいはそれをとりまく大人のコミュニティに関わるデザインが多く見られた。

注目すべきは、学生が提案したアイデアが実現に向けて動き出したことである。日本発の保育ツールである母子手帳をさらに充実させようという学生の提案が、プロジェクトメンバーによってさらにブラッシュアップされることになった。筧氏のチームが作ったウェブページとツイッターを通じて全国の保護者から母子手帳に関する意見を集めるとともに、都市と中山間離島地域とでワークショップやインタビューを行って実際に保護者の声を聞いた。こうして集まった情報から新しい母子手帳の試作品をつくり、再度ワークショップやインタビューを行うとともに専門家の意見も聞きながら最終版の母子手帳をつくり上げた。新しい母子手帳の特徴は、こどもの医療歴や薬歴を成人まで残せることや、必ず読むべき情報が分かりやすく表示されていること、育児の喜びを増して不安を減らすコラムが書いてあること、父親の育児を支えるページがあること、こどもが親になるときに手帳をプレゼントするための仕組みがあることなどが挙げられる(詳しくは、http://mamasnote.jp を参照)。

こうしてできあがった母子手帳を見て、何人かの母親は「うちの町がこの母子手帳を採用したら次の子を産みたい」と話していた。本気なのか

学生の提案が元になって生まれた「親子健康手帳」

冗談なのかはともかく、それほど気に入ってもらえる母子手帳が誕生したのは嬉しいことである。現在、島根県の海士町と栃木県の茂木町《もてぎちょう》が正式に新しい母子手帳を採用しており、今後、採用を検討している自治体も多い。

issue + design（2010年）

3年目は、あらかじめ課題を僕たちが決めるのをやめようという話になった（その後、プロジェクトの位置づけがさらに変わり、この年のプロジェクトは神戸市、フェリシモ、博報堂、studio-Lの4者で協働することになった）。課題自体を公募しようというのだ。より多くの人が課題だと思っていることに対してデザイン的な解決策を提案する。それこそが社会の課題を解決するデザインだろうと考えたのである。

issue ＋ design のワークショップ。

そこで、ツイッターを使って「いま、あなたが社会的な課題だと感じていることは何ですか?」と問いかけた。次々に集まる「課題のつぶやき」を整理してみると、6つのテーマにまとめられることに気がついた(6つのテーマは、防災、子育て、自転車交通、食、医療と介護、外国人と移民)。そこで、テーマごとにファシリテーターを決めてツイッター上でワークショップを開催した。2時間限定のワークショップを2日間に分けて開催し、テーマごとのつぶやきをひたすら引き出し続ける。ツイッター上でのワークショップは意見が出る速度が早く、数がものすごく多いため、それらをまとめたり、つなげたり、キーワードを見つけ出したりするのに必死だった。キーボードをたたき続ける2時間を終える頃

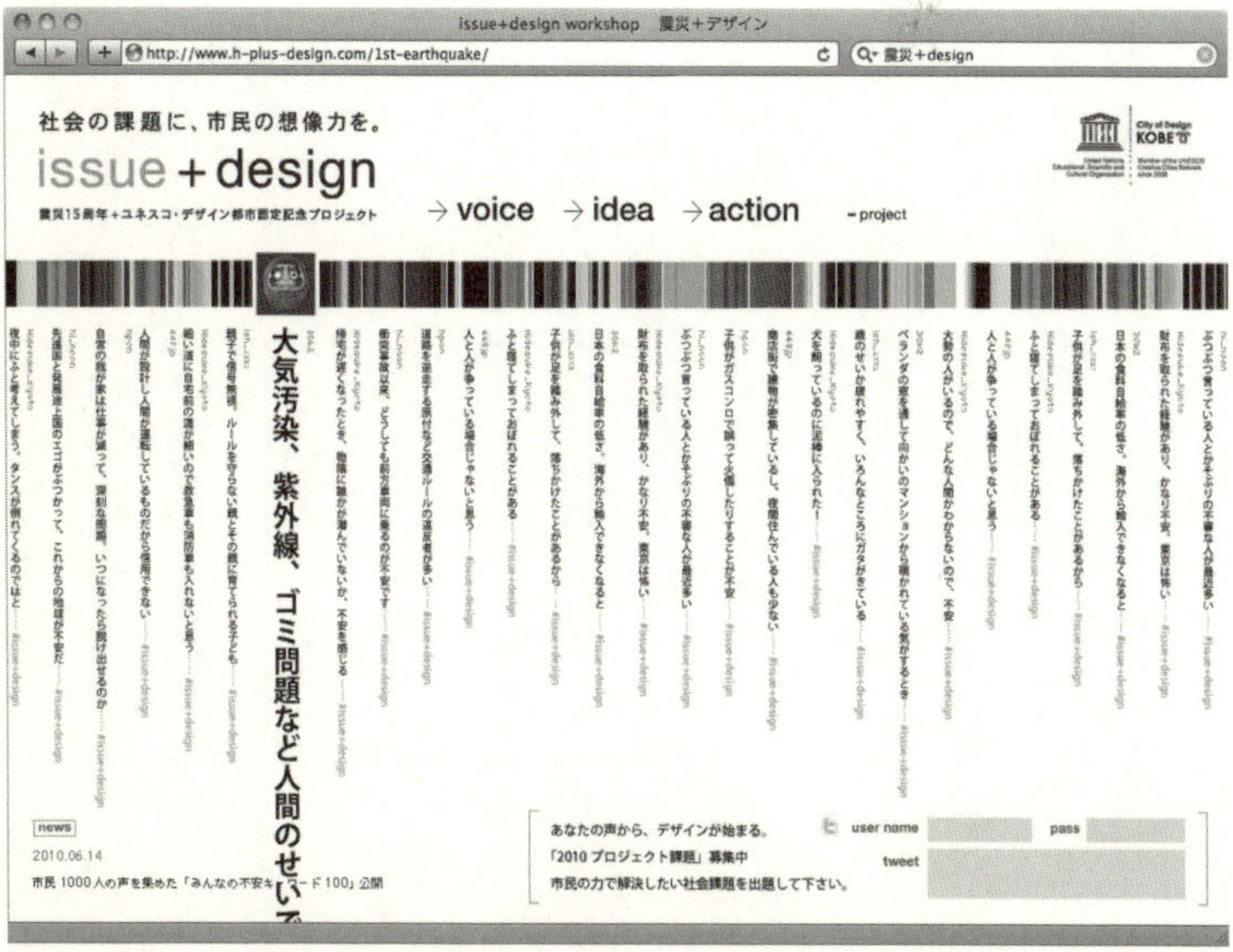

ホームページ上に浮かび上がるツイッターからの意見。

には、各テーマにおける課題の問題構成がかなり明確になっていた。こうしたツイッターワークショップを通じて、課題を絞り込み、最終的には「震災」「食」「自転車交通」という3種類の課題を詳細に整理した。そのうえで、これらの課題を解決するためのデザインを募集した。今回は学生に限らず、社会人も参加できることにした。集まった317案から最終の16案を選んでブラッシュアップし、テーマごとに優秀作品を選び出した。

提案されたデザインは、「家具の転倒を防止する動物型の防災グッズ」「耐震について学ぶことができる市民大学」「近所の田畑で育てた野菜を収穫できるチケット」「賞味期限順に並んで表示されるレシート」「ハンドルを持ち運ぶシェアサイクル」「自転車通勤と電車通勤を併用できる定期券システム」など、震災、食、自転車交通ともにユニークなものが揃った（詳しくは、http://issueplusdesign.jp を参照）。

ソーシャルなデザインへ

社会の課題を解決するためのデザインについて考えるとき、2つのアプローチがあるような気がする。ひとつは直接課題にアプローチする方法。困っていることをモノのデザインで解決しようとする方法である。例えばアフリカの水道が整備されていない村に対して、手で押して転がすことのできるローラー状のタンクをデザインすること。水瓶を頭の上に載せて運ぶよりも多くの水を短時間で運ぶことができる。これは課題に直接アプローチするデザインだといえよう。

一方、課題を解決するためにコミュニティの力を高めるようなデザインを提供するというアプローチもある。同じくアフリカの村で、こどもたちが回転遊具で遊ぶことによって地下水が上空のタンクに貯められて、蛇口をひねると水が出てくるという仕組みをデザインした例がある。これはこどものコミュニティが集まって遊ぶことを促すデザインであり、これによって水が手に入るようになるという解決方法である。

コミュニティデザインに携わる場合、後者のアプローチを取ることが多い。コミュニティの力を高めるためのデザインはどうあるべきか。無理なく人々が協働する機会をどう生み出すべきか。地域の人間関係を観察し、地域資源を見つけ出し、課題の構成を読み取り、何をどう組み合わせれば地域に住む人たち自身が課題を乗り越えるような力を発揮するようになるのか、それをどう持続させていけばいいのかを考える。いずれも地域社会が抱える個別の課題を解決するためのデザインであり、この方法論は世界における課題と共通する部分がたくさんあることがわかった。今後も、ソーシャルなデザインについて世界中で活動するキャメロン・シンクレアと情報交換しつつ、日本国内の課題を解決するデザインについて検討し続けたい（現在、東北地方の復旧復興に対して Architecture for Humanity と協働する枠組みをつくるべくキャメロンと検討している）。

また、世界中で取り組まれているソーシャルなデザインについて日本ではほとんど紹介されていないことも課題だといえよう。英語で紹介する書籍はたくさん出版されているにも関わらず、日本語で紹介する書籍はかなり少ない。まずは日本語で世界中のソーシャルなデザインについて紹介することから始めたい。

現在、建設会社の広報誌にて毎月ソーシャルなデザインを紹介する連載を続けている（この連載で図版やテキストを使わせてもらうために、世界中でソーシャルなデザインに取り組む50以上の設計事務所とつながることができたのは僕にとって大きな財産となった）。この連載を書籍化して、将来的には建設会社以外の人たちも読めるようにしたいと考えている。特にデザインを学ぶ学生に対しては、企業のインハウスデザイナーになったり、商業的なデザイン事務所に就職するだけが活動のフィールドなのではなく、ソーシャルなデザイナーとして世界中の課題を解決するデザインを提供することもやりがいのある仕事なんだということを伝えたい。世界には、すでにソーシャルなデザインに取り組む人たちがたくさんいるのだから。そしてもちろん、国内の課題に取り組むデザイナーも育てたいと考えている。

日本全国で生じているさまざまな課題は、当然僕たちだけで解決できるものではない。コミュニティデザインに取り組む人が少しずつ増えることで、ひとつでも多くのまちが自ら課題を乗り越える力を高めることを願っている。

コミュニティの力を高めるためのデザインはどうあるべきか。

おわりに

コミュニティに興味を持った理由はいくつかあるが、そのひとつは確実に阪神・淡路大震災の経験だ。当時学生だった僕は、震災直後に現地へ入り、神戸市の黄色い腕章を巻いて現地を踏査した。全壊、半壊、部分壊を判断し、白地図に色を塗るのが役目だ。僕が担当したのは東灘区住吉。細かい判断は必要ない。ほとんど赤鉛筆しか使わなかった。見渡す限り全壊なのである。地図上に存在する道路が判別できず、暗澹たる気持ちで川沿いを歩いていると、そこに被災者たちが集まっていた。みんなが協力して食事を作っていた。こどもを亡くした夫婦が親を亡くした家族を励ましていた。このときほど人と人とのつながりに気持ちを救われたことはない。瓦礫と化した神戸のまちに人のつながりが残っていて、そこから生活再建の芽が育っているような気がした。コミュニティの力強さを感じた。

本書の原稿を書き終わる頃、東北地方を巨大な地震が襲った。いろんなことを思い起こして原稿を書く手が止まった。原稿執筆よりもやるべきことがあるのではないかと悩んだ。しかし同時にコミュニティの力を信じた頃の自分を思い出した。こんなときだからこそ、コミュニティデザインに関する原稿を書き上げるべきだと自分に言い聞かせた。

被災地の道路や住宅はいずれ復旧するだろう。同じ場所にまちをつくるべきかどうかは検討の余地があるものの、ハード整備はそれなりに進むだろう。同時に考えておくべきなのは人のつながりだ。阪神・淡路大震災では、避難者数に対して仮設住宅の数が圧倒的に少なかった。だから高齢者や障がい者が優先的に入居した。人道的な判断だったといえよう。しかし、高齢者や障がい者は周辺に住む家族たちとつながっていたのである。夕食のおすそ分けや縁側での世間話などによって生活が支えられていたのだ。こうしたつながりが断ち切られ、高齢者や障がい者だけが集まった仮設住宅で、震災後3年の間に200件以上の孤独死が発生してしまった。

非常時には人のつながりが大切になる。言うまでもなく、それは平常時から手入れしておくべきものだ。災害が起きた後、仮設住宅を建てるように効率よく人のつながりを構築することはできない。日々のコミュニティ活動が大切なのだ。だからこそ、いまコミュニティデザインに関する書籍を世に問うべきだろう。そう考えて原稿を最後まで書き上げた。

そんな気持ちを感じ取っていたのか、編集者の井口夏実さんはいつになく原稿催促が穏やかだった。井口さんとは、僕が初めて書籍に文字を載せたときからの付き合いだからもうすぐ10年になる。初めての単著を彼女とつくることができたのはとても嬉しい。また、この本づくりを強力に後押ししてくれた学芸出版社にも感謝している。

データや図版の整理ではstudio-Lのメンバーに手数をかけた。特に、醍醐孝典と西上ありさには各プロジェクトのデータを整理してもらい、神庭慎次、井上博晶、岡本久美子には図版を整理してもらった。記して感謝したい。

東北の復興にコミュニティデザインが必要なのは言うに及ばず、無縁社会化する全国の地域にも人のつながりが求められている。非常時のためだけでなく、日常の生活を楽しく充実したものにするために。信頼できる仲間を手に入れるために。夢中になれるプロジェクトを見付けるために。そして、充実した人生を送るために。

本書がそれぞれの地域に新たなつながりを生み出すきっかけになるとすれば、著者としてこれほど嬉しいことはない。

◆口絵キャプション

p.1　：フィールドワークで地域のおばあちゃんから話を聞く
（大阪 余野川プロジェクト）

p.3　：地域に生えている植物で食卓を彩る方法について学ぶいえしまの奥さんたち
（兵庫 いえしまプロジェクト）

p.5　：人の顔が見える特産品のポスター
（兵庫 いえしまプロジェクト）

p.7　：「買い物集会所」として地域のコミュニティが使いこなすデパート
（鹿児島 マルヤガーデンズ）

p.9　：「探られる島」プロジェクトで見つけた万体地蔵苑のお地蔵さんたち
（兵庫 いえしまプロジェクト）

p.11：住民の提案を実施人数ごとに分けた計画書の目次
（島根 海士町総合振興計画）

p.13：「放課後 +design」プロジェクトに集まった学生たちとこどもに関わる課題を共有
（+design プロジェクト）

p.15：地域のおじさんたちとも仲良くなった学生たち
（大阪 余野川ダムプロジェクト）

◆ studio-L プロジェクト担当者

・有馬富士公園：山崎亮

・あそびの王国：山崎亮

・ユニセフパークプロジェクト：山崎亮

・堺市環濠地区でのフィールドワーク：山崎亮、醍醐孝典、神庭慎次、西上ありさ

・ランドスケープエクスプローラー：山崎亮、醍醐孝典、神庭慎次、西上ありさ

・千里リハビリテーション病院：山崎亮

・いえしまプロジェクト：西上ありさ、山崎亮、醍醐孝典、神庭慎次、曽根田香、山角みどり、岡本久美子、井上博晶、長生大作

・海士町総合振興計画：山崎亮、西上ありさ、神庭慎次、醍醐孝典、岡崎エミ、井上博晶

・笠岡諸島子ども総合振興計画：山崎亮、西上ありさ、曽根田香、岡崎エミ、神庭慎次

・余野川ダムプロジェクト：山崎亮、醍醐孝典、西上ありさ、井上博晶

・マンション建設プロジェクト：山崎亮、醍醐孝典、井上博晶

・泉佐野丘陵緑地：山崎亮、神庭慎次、岡本久美子、西上ありさ

・マルヤガーデンズ：山崎亮、西上ありさ、神庭慎次

・水都大阪 2009：山崎亮、醍醐孝典、曽根田香、井上博晶、長生大作

・土祭：山崎亮、西上ありさ、岡崎エミ、井上博晶

・穂積製材所プロジェクト：山崎亮、西上ありさ、醍醐孝典

・+design プロジェクト：山崎亮、醍醐孝典、西上ありさ、曽根田香、岡本久美子、神庭慎次、井上博晶

山崎 亮（やまざき りょう）

1973年愛知県生まれ。

コミュニティデザイナー、studio-L代表。東北芸術工科大学教授（コミュニティデザイン学科長）。NPO法人マギーズ東京理事。

地域の課題を地域に住む人たちが解決するためのコミュニティデザインに携わる。まちづくりのワークショップ、住民参加型の総合計画づくり、市民参加型のパークマネジメントなどに関するプロジェクトが多い。「海士町総合振興計画」「[瀬戸内しまのわ2014]コミュニティデザイン プロジェクトガイド」「すみだ食育ワークショップカード」でグッドデザイン賞、「親子健康手帳」でキッズデザイン賞などを受賞。

著書に『コミュニティデザインの時代』『ソーシャルデザイン・アトラス』『ふるさとを元気にする仕事』、共著書に『藻谷浩介さん、経済成長がなければ僕たちは幸せになれないのでしょうか？』『つくること、つくらないこと』『まちへのラブレター』『森ではたらく！』『ハードワーク！グッドライフ！』『3.11以後の建築』『テキストランドスケープデザインの歴史』など。

コミュニティデザイン
人がつながるしくみをつくる

2011年 5月 1日 第1版第 1刷発行
2015年12月30日 第1版第16刷発行

著 者………山崎 亮
発行者………前田裕資
発行所………株式会社学芸出版社
京都市下京区木津屋橋通西洞院東入
電話 075－343－0811 〒600－8216
http: //www.gakugei-pub.jp/
E-mail info@gakugei-pub.jp
装丁・デザイン………藤脇慎吾
印 刷・製 本………創栄図書印刷／新生製本

 ISBN978－4－7615－1286－6

まちへのラブレター　参加のデザインをめぐる往復書簡

山崎 亮・乾 久美子 著

四六判・256 頁・本体 2000 円＋税　ISBN978-4-7615-2538-5〔2012〕

参加型デザインって、コミュニティって、「つくらない」デザインって何だろう？　建築家とコミュニティデザイナーによる、仲むつまじくもシリアスなやりとりから、従来の建築家像やデザインの意味を問い直す。ある駅前整備プロジェクトを通じて、二人のデザインが如何に融合してゆくのか、その過程を追体験する試みでもある。

つくること、つくらないこと　町を面白くする 11 人の会話

山崎 亮・長谷川浩己 編著

四六判・168 頁・本体 1800 円＋税　ISBN978-4-7615-1295-8〔2012〕

つくる人（ランドスケープアーキテクト）とつくらない人（コミュニティデザイナー）が、プロダクトから建築・都市デザイン、社会学まで多分野のゲストを迎えてデザインを率直に語った。皆が共通して求めているのは「楽しめる状況」をつくること。そのためにデザインに出来ることはたくさんあると、気づかせてくれる鼎談集。

藻谷浩介さん、経済成長がなければ僕たちは幸せになれないのでしょうか？

藻谷浩介・山崎 亮 著

四六判・200 頁・本体 1400 円＋税　ISBN978-4-7615-1309-2〔2012〕

私たちが充実した暮らしを送るには“右肩上がりの経済成長率”という物差しが本当に必要なのだろうか。むしろ個人の幸せを実感できる社会へと舵を切れないか？　日本全国の実状を知る地域エコノミスト藻谷浩介（『デフレの正体』）とコミュニティデザイナー山崎亮（『コミュニティデザイン』）の歯に衣着せぬ対談からヒントを得る！

森ではたらく！　27 人の 27 の仕事

古川大輔・山崎亮 編著

四六判・240 頁・本体 1800 円＋税　ISBN978-4-7615-1339-9〔2014〕

森を挽く人（製材所）森で採る人（山菜・キノコ採集）森で灯す人（木質バイオマス）森で育てる人（森のようちえん）……限りなく多彩でクリエイティブな森の仕事。森を撮る人として映画『WOOD JOB!』の矢口史靖監督、森を書く人に原作者・三浦しをんさんも迎え、ひたむきで痛快な彼らの仕事ぶりを綴った 1 冊。

ハードワーク！　グッドライフ！　新しい働き方に挑戦するための 6 つの対話

山崎亮・駒崎弘樹・古田秘馬・遠山正道・馬場正尊・大南信也 著

四六判・236 頁・本体 2000 円＋税　ISBN978-4-7615-2577-4〔2014〕

自ら起業し組織づくりに悩むコミュニティデザイナー山崎亮が 6 人のパイオニアとの対話から考える、個人と会社のオープンでパワフルな関係。プロフェッショナルな個人が活躍しながら、同時にお互いを高め合い、若手も育つチームづくりはいかに可能か？　終身雇用や年功序列を超えた所に、自分も組織も豊かにする働き方を探る。

3.11 以後の建築　社会と建築家の新しい関係

五十嵐太郎・山崎亮 編著

A5 判・240 頁・本体 2200 円＋税　ISBN978-4-7615-2580-4〔2014〕

3.11 以後、建築家の役割はどう変わったのか？　岐路に立ち、社会との接点を模索する建築家 25 人の実践を、旧来の作品・作家主義を脱する試みとして取り上げた。彼らはターニングポイントで何に挑んだのか。復興、エネルギー、使い手との協働、地域資源等をキーワードに写真と書き下ろしエッセイで新しい建築家像を照らす。